# 愛しのボロ

直し、生かし、使いつなぐ
21人の暮らしもの

大沼ショージ＝写真
＋
おおいしれいこ＝編集・文

Prologue

# 十人十色のボロ、その情景を訪ねて。

そもそも企画のきっかけは、東京オリンピックが決まったあと。まだまだ使えるピースがあってもごっそり切り捨て、新しいものに変わってしまうようなニュースを聞くたび首を傾げてきました。情報と物質があふれるいま、時間をかけてつきあっている「もの」、暮らしの「こと」を、写真をゆったり使った目録のような本をつくりたい気持ちがふくらんでいったのです。そこでまず、友人知人の縁をたぐって、こんなふうに問いかけました。

「古びても大事に使っているもの、
直しながら使っているもの、
使いこんでも捨てずになにかに活かしているもの。
家具や日用品、雑貨、家のどこかに、
愛着のあるボロを持ってませんか」。

答えを集めてみると、予想以上にボロの景色が広がっていて、わぁ、どうまとめようと、最初は頭を悩ませました。でもすぐに、そのデコボコとした景色、一様でない価値観が、なんともおもしろそうで刺激的に思えてきたのです。

持ち主それぞれ、古びるものへの美の考え、捨てない理由、使い続けるための工夫、補修やリメイクの手法があり、そんな広やかな視点に目をこらしてみることにしました。


この本では、ものを愛する21人が大切にしているボロを訪ねました。

そこには、使い続けるための手段も、素材の表情もさまざま。形が崩れそうなボロボロのものもあれば、メンテナンスを丁寧に施しているきれいなボロもあり。古びてなおリメイクに役立てるボロ、受け継いだり託したり、記憶を宿したボロ。家族みんなのお守りのようなボロに、友情を紡いだボロがあったりと。いずれもアノニマスで、すてきなエピソードにあふれた物語がありました。

誰かの価値観ではなく、自分らしい暮らしや生き方の礎にしっかり繋がっている豊かさ。本書のボロたちのお話が、ものをはぐくみ愛する一条の光になれたら幸いです。

Contents

Contents

Contents



装丁＝サイトヲヒデユキ

Story 01

Kou Soda

曽田耕さん［靴作家］

# 生活をアートするリサイクル。

新旧が交差するヒガシ東京の下町にある、鉄骨3階建のもと鐵工所。古びた建屋の玄関をくぐると、天井リフトに木枠や革材がぶら下がり、奥には業務用のミシンや薪ストーブが場を分けあい、どこか秘密基地めいていた。

ここは曽田さんのアトリエ兼自宅で、1階のもと工場をスタジオ、上階のもと事務所を住居に、ほぼ自力でつくり変えたもの。入口から個室がふたつある2階、3階のファミリールームへ。薄暗い階段をのぼって扉を開けると、天窓から光がふり注ぐ。陽だまりのキッチン・リビングにため息がもれる。

「子どもの友だちが遊びに来ると、ジブリみたい！っていわれるらしいですよ」と朗らかに迎えてくれる曽田さん。いかにも、古い建具を組んだドアや障子、端材でしつらえたカラフルな小窓などを眺めていると、魔女の家に迷いこんだよう。内装だけでなく、継ぎはぎの椅子やテーブルに取っ手がバネのエスプレッソマシーンなど、個性的なキッチン小物の面々にも目を惹かれる。

「基本は拾ったり、つくったりの生活です。必要なものも修理に使う部品でも、買ってくるのではつまらない。廃棄品を活かすほうがプロセスを含めてすてきですから」。手づくりファーストのリサイクルライフ。曽田さんの暮らしの景色をつくるボロ愛を、はじまりからうかがった。

幼少の頃から図工好き。両親は大学で働く物理研究者で、実験道具などを自作する仕事柄、息子の「買うのではなくつくってみたい」好奇心を肯定して育ててくれたそう。「姉たちがせがむキャンディ・キャンディの人形は即却下も、自分がねだったペンチは買い与えてくれてました」。

大きな刺激は、小学生のときに通いはじめた工作教室。

「武蔵美の生徒が先生をやってる、ちょっと変わった教室だったんです。道具や材料が潤沢でなければないほどかっこいい、という思考の人たちに教わるわけです。なんだか変だなと思いつつ、そんな考え方が自分にはフィットした」と愉快そうに思い返す。

変わりもの揃いの美大生たちは、やがて全国各地で彫刻家や陶芸家になり、曽田さんを助手としてバイトに呼んだ。陶芸の土練り、釉掛け、窯たき、薪割り、彫刻なら重機作業から磨きまで、大工仕事、測量、配管、左官、舞台衣装などなど、各分野でビシバシと手仕事スキルを鍛えられた。さらに、動植物観察会、ボランティア、デモ、興味の赴く所へはどこにでも出かけては、さまざまな叡智を吸収した。のちにこの時代を、曽田さんの母は「大学にいったようなものね」と評したそう。

お古のエスプレッソマシーンを使って35年。
取れた持ち手に、バネをつけて。

リサイクルライフのきっかけのひとつはチェルノブイリ原発事故。ウソだらけの大人たちに高校生だった曽田さんは憤慨し、かつなぜこんな深刻な環境破壊が?と、書物をひもとき考えた。経済発展はそんなに大切なのか。引き換えになった自然のほうが宝ではないか。これがいまの大人社会のありようか、と。「ならば自分は、そこに参加しない」。安易な消費生活から離れるために、衣服から自分でつくろうと試みた。

「古着の布をばらして染め、祖母に習って靴下を編み、犬の毛を紡いで、畑で綿を育てて。それでどうしても上手くいかなかったのが靴。歩きづらかった。鞋や革のサンダル、木の下駄もつくったら、こっちは耐久性がないんです」。

当時は直線縫いの弥生時代風の服をまとい、「邪馬台国のひと」と呼ばれた。髪型はモヒカン、足元に下駄をあわせると派手な音が響き、奇抜さは否めない。

「全身オリジナルですから自分としては満足でしたよ。でもあるとき、電車で隣りあわせたおばあちゃんが、ぶるぶる怯えてて。こりゃ、ダメだと（苦笑）」。

そこで靴づくりは独学ではなく、浅草の靴学校に通って技術を身につけたが、その腕前は自他ともに笑ってしまうほどの下手さ。だけど、抜群に独創的で、だからこそ曽田さんがはいている靴がほしいとオーダーが次々に舞いこんだ。

上｜同じドアはひとつもなく。板、ガラス戸、ミシンや茶器、椅子のパーツも使って。
下｜中２階に増設した娘さんの部屋。解体現場で拾ったドアをアレンジ。

上｜右・子ども部屋の窓のアートワーク。左・壁収納は使いやすく目に楽しく。
下｜テーブルはもと大時計のガラス板。抜いた床から１階のアトリエがのぞく。

靴づくりの道が拓けたのち、結婚をして3人の子らの父となり、曽田さんのリサイクルライフは、家族ベースにシフト。「邪馬台国のひと」から四半世紀、ずいぶんと丸くなりましたよ、と笑って振り返る。なにしろ子育ては予定不調和。曽田さんのものづくりも、それに順応するように変化していったという。

数年前には、年頃になった娘のために2階に個室をしつらえた。それで階下へ「ごはんだよー」と呼びやすいようにと、カメラ機材とティーポットの一部を材にして3階ドアに「声かけ小窓」をつくり足した。

地震が多くなった時期には、仕事終わりに晩酌する酒瓶が棚から落ちないよう、プラスチック蓋をカバーにして落下防止の装置をつくり、小さな心配を減らした。作業は数分のこと。頭のなかで前々からあれこれ策を練るのが喜びなのだ。

「そう、楽しさが基本にあって。目的が叶えばそれでよし。デザインなんかしてないですよ。材料はゼロ円で、加工時間もエネルギーも省けて、たぶん環境負荷も減らせているでしょう」。

必要なのはお金ではなく、知恵と工夫と想像力。余りものでさらっとおいしいものをつくる料理上手のように。始末ではなく、かっこいいものをおもしろがってつくるほうに気持ちを傾けるから、楽しみはいや増すのだ。

家の美は、心の美になるもの。

小学校の帰りに拾ったネジをポッケに入れ、「はい、お宝」と父に渡していた息子も、いまや高校生。発想豊かな家で育つのはどんな感じ？と軽く問うと、その答えには敬愛がにじんでいた。

「ほかの家とはちょっと違って変わってはいるけど、イヤではなかった。2階の床下が透けてみえるガラステーブルとか、すごいなあと思うやつもあるし」。

曽田家では、障子は破いたひとが補修する掟で、クスッとさせるのが、子どもたちが手当てした部分。学校の連絡プリントや漫画のおもしろページの切り貼りは、グラフィカルな作品のようでもあり心憎い。

家の掟といえば、片づけにはこんな決めごともある。どうせおくなら、一発で決めること。使い終わったものをおくなら、1アクションで。それも目でみてイヤじゃない、気持ちのいい感じにおくこと。これを子どもたちに、いい続けてきたそう。

「だって気に入っているものが散らかってみえるのって、残念でしょう？　まっすぐに揃えるだけ。居心地がいいって、ただそれだけのこと。線を揃える流れで机の角をノコギリで切って五角形の机にしたりもしますよ」。

多くのものが集まってもごちゃついてみえない。ものへの愛情が統一しているのだ。

好きなパーツはたくさんある。多くは、工業製品。家電の金属パネルや内部の部品、商品のプラスチックケースなど、精密な型抜きものや型に鋳込まれたもの。

「金型をつくるなんてすごいでしょう。自分にはできない職人の仕事にリスペクトが湧くんです」。とはいえ「ほどほどに熱烈」。愛情はあるけれど、ものに執着はしない。澱みたくないから、ためすぎに留意する。

アトリエの片隅、1m四方に「スタンバイスペース」がある。そこにひと月ほどざっくり保管して、動線のじゃまになれば検分。必要な部品だけを取りおき、あとはきっぱり処分。あれは捨てなきゃよかったと後悔することは？と問えば、こう返ってきた。

「まったくないです。アンテナの感度があがってて、こんなのがほしいと思っていると、そのうち手に入る。信じるものは出会えるですよ（笑）」。なんたる引き寄せのチカラ！

それでなくても、「うちは最終処理場になってるから」という。いわく友人知人家族が「まだ使えそう」だけど、「使いみちがみつけられない」ものたちが運ばれてくる。一度は用を終わらせ、さらに「なにかで働けないか」とめぐってきた廃棄品たちのハローワークのごとく。頭のなかは、つねに使いみちのアイデアが渦まいている。

「毎日つくっていたいんですよ」と目を細めて。今日も明日も、命を拾われたボロたちに向かい、わくわくと手を動かす日々を慈しむ。

そだ・こう◉曽田耕

東京浅草エリアにて靴とかばんのブランド「Kō」主宰。環境と人が繋がるエシカルで個性豊かなものづくりを続ける。廃品リメイクの達人で近年は展示什器なども手がける。

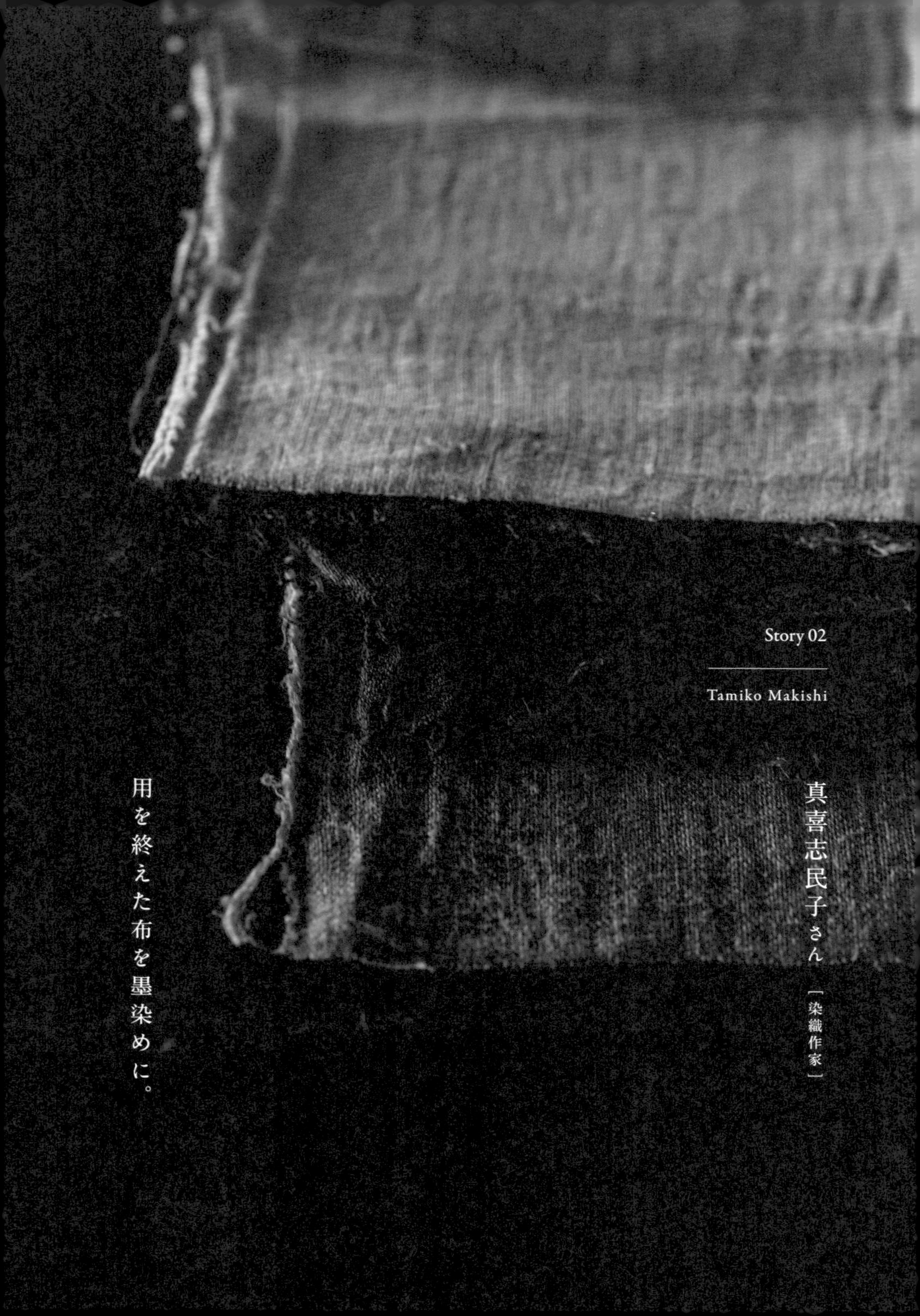

Story 02

Tamiko Makishi

真喜志民子さん

［染織作家］

# 用を終えた布を墨染めに。

箪笥から民子さんが取りだした、古布の束。「気に入ったものだけ、墨で染めたの」と、一枚一枚を広げてみせてくれた。それは選ばれし生活の布たち。お風呂で使ってたバスタオルにフェイスタオル、キッチンのふきん、台ふき、ショールにハンカチ、塵よけの布、などなど。使いつくされた布は、毛がつぶれ、織り目がゆるみ、裂けた穴を繕ったものもある。

「みて、この麻の垢すりタオルなんて、ゴシゴシ体をこすって、布目がすっかすかに透けているでしょう。ボロというと負のイメージがあるけれど、こういう布が、わたしにはきれいだなって思えます」とやわらかに笑む。

染めの色が、またとびきり美しい。濃淡のグレー、白っぽい灰色や青みの墨色など、水墨画のような奥ゆきに魅せられてしまう。

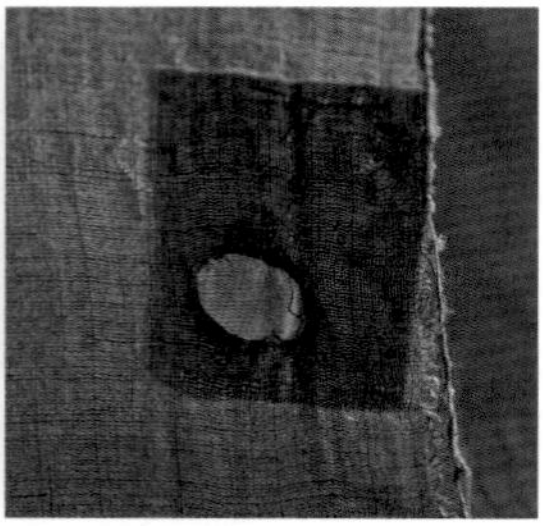

1941年生まれの民子さんは、齢80を超えて染織りをする日々を楽しんでいる。創作は暮らしのなかにあり、使いこんだボロの布には、民子さんが手織りしたものも入り混じる。

キッチンでお茶を淹れてくれる民子さんの足もとの白マットは、もとバスタオル。格子柄の入ったブルーの手拭き布は、かれこれ半世紀ほど前、娘さんが小学校のときに手織り木綿で縫った道具袋をほどいたもの。いわく、一度そこで用を果たした布だって、まだ使えるなら役目を変えて使いまわしていると。

貧乏性かしら?ふふふ、と民子さんは楽しげに答え、そうした布のやりくりは、母の影響が大きいかもしれないと話す。

「戦後すぐの沖縄は、お金もない、ものもない、なにもかもがなかったんです。そんな時代に母は米軍の服をほどいて子ども服につくり替え、さらにその服の襟もとに、パラシュートをほどいた糸を染めて、刺繍をしてくれてました。人にも、ものにも、精一杯のことをしてあげたい気持ちがあったんですね」。

真心と感謝。民子さんのボロ布への染めも然り。家族の時間を宿す布たちへ精一杯の「ありがとう、おつかれさま」を贈るように染めた墨色。みつめていると色は、クールなのにじわっとあたたかな気分になる理由がわかった気がする。

「墨染めではないけれど、これも捨てられない布」と取りだしたのは、以前アトリエでカーテンに使っていたという、大判の木綿。折り畳まれた布を広げてみると、植物の枯れた茎が鎖のようにぐるぐるに巻かれ、そのただものならぬド迫力の姿に、わっーと思わず声がでた。

もともとは姉のソファカバーを民子さんが太番手の糸でざくざく織り上げた綿布。何十年も使って傷んできたから新しいものに変える、そう聞いて「捨てるなら」と引きとって、目隠しがほしかったアトリエの窓のカーテンにリメイクしたそう。

あるとき、外壁の蔦が室内にするっと入り、カーテンのほつれを繕うように、緑のつるが絡んでしまった。その光景を、「布ごしの緑が

光を透かしてとても美しかった」とうっとりと思い返す民子さん。
「娘からは、蔦はあとから大変になるから除いてって注意されたけれど。そうねぇ〜、と聞き流してのびるまま、目を喜ばせていました」。きれいなものには逆らえないから、と肩をすくめる。

枝葉がのびてグリーンヴェールができたのを機に、木綿のカーテンを外した。

絡んだ蔦ごとキープして寝かせておいた布は、植物と和合して、枯れつつも不思議な生命力を熟していた。

「花や緑が盛りのときもいいけれど、枯れたものにも、美があるでしょう。廃れたもの、捨てられそうなもの、齢を重ねたからこそ、目にとまり、愛おしさがわかってくるの」。

沖縄・浦添の住宅街、ブーゲンビリアの赤花がふっさりと彩る一軒家が、民子さんの住まい。コンクリートと木で構成されたモダンな家屋は、天井が高く、玄関を開けると風がさぁと通り抜け、気持ちがいい。

リビングでぱっと目を引くのが、壁の一角にコラージュされたレコードジャケット。それから、窓辺のコーナーにある大きなタイヤのサイドテーブル。

「捨てられていたF1の古タイヤなんです。散歩の途中でみつけてふたりで転がして帰って、そのタイヤの上に、ガラスをつけたんです。なんでも手でつくってました。あの人のセンスは自由でしたね」と、愉快そうに語る民子さん。

洒脱なセンスを持つ夫・勉さんは、トムマックスの愛称をもつ沖縄を代表する画家で、無類のジャズ好きでも知られていた。

高校の同窓生だったふたり。距離がグッと縮まったのは進学をした東京で、恩師の展覧会に集ったときのこと。「帰りにジャズでも聞きませんか？」という勉さんの声かけから、のちにジャズともども民子さんの人生を紡ぐパートナーとなった。

その勉さんを、8年前に亡くした。社交家で音楽とお酒を愛する豪放磊落な男性のようでいて、うちに居れば天井や壁の修理を厭うことなくまめに手をかけてくれた夫だった。

「横に並んでいるときは、気づかなかったけれどね。わたしって、電球も取り替えてこなかったんです」。 天井や壁、家具、家のすみずみに。なんでもない暮らしの経年変化を共有してきた手の跡をなぞり、心の繋がりを慈しむ。勉さんの作品図録をめくると、若い頃にNYに一年、沖縄の妻子と離れて単身アート修行へいってた時分の手紙が収まっていた。それは「最愛の民子へ」からはじまるラブレター。

月よう日なのに何故か日よう日のような………
そんな生活を作ってみようと思ってます。
自分の好みを大切にします。
自分の信じる事のできる物、
ただただ、それを大切に育てたいと思います。

月曜なのに日曜のような——心を大事にした生活。なんとなんと、すてきな決意表明なんだろう。もちろん現実は、酸いも甘いもあって、うまくことが運ばなければ、互いに引いたり押したり。でも、そんなふうに語りあってきたから、民子さんは民子さんの愛するものをずっと大切にすることができたのだ。

To: MAX
KEEP SWINGING
WITH ALL MY heart

上｜玄関扉の傷みには、韓国の手漉き紙の書を景色よく使い補修。
下｜F1の古タイヤにガラスをあわせたテーブルは勉さん作。

上｜壁をJazzが彩る。好きなレコジャケのコピーを貼りコラージュ。
下｜墨染めにした絹の紙。お蚕の動きの跡が墨に浮かんで趣深く。

## 植物と光、時間の連なり重ねて

染織りとの出会いは20代はじめ。東京で通っていた美大の卒業間際に足を運んだ工芸展で、「月待」と名づけられた染織家・志村ふくみさんの作品が民子さんの魂の芯をゆさぶった。

「草木の命をみるような着物に惹きつけられて。糸と糸の間にはなにがあるのだろうと、ときを忘れて見入ってしまったんです」。

沖縄に戻ると師を探し、織りの基本を学んだあとは、独立独歩。子育てや介護に従する時期も、細く長く、布づくりを手放さず、自分らしくある創作を追い続けてきた。

「なにしろ、いつもジャズの音が満ちている家だったから。きっちりしなきゃいけない伝統工芸は、リズムがあわないんですよ」。

スイングするように、軽やかに生まれてきた民子さんの布。墨染めを手がけるきっかけは

「もったいない」から。たまたま余っていた墨汁が捨てがたく、ふと繭から紡いだ糸を染めたらどうなる？　と好奇心で手を動かした。墨にどぼんとひたし、染めあがった墨色の糸で織ってみたら、思いのほか好みの仕上がりになって、そのあとの制作に繋がったそう。

「いろいろ試して発見する。墨で染めた布を太陽の光が当たると、色が抜けて薄まりそうだけど逆。強い陽が当たった部分は墨が濃くなるんです。ちょっとおもしろいでしょう？」と声を弾ませる。墨と光、植物とセッションするように布にひそませる創作はいつしか民子さんの特別なことになった。

「おもしろそう」を見逃さずに、自ら動いて磨く。それが好きをアップデートする最良の策と教えてくれる。

取材の午後、民子さんと並んで墨をすった。墨染めについて、そのやり方を訊ねたところ、「じゃあ一緒に、この絹の紙を染めてみましょ」と誘ってくださった。染めに使う絹の紙とは、知人の作家が手がけたもので、紙を漉くときに蚕をはわせた貴重なアートペーパーで、不要になったものを譲ってもらった一枚だそう。

作業の一歩は、墨すり作業からはじまる。染め色のニュアンス重視で、市販の墨汁は使わないそう。

「染めるにはたくさんの量がいるのに、硯と手ですってるから、とっても時間がかかりますよ」。にっこりする民子さんに力づけられて、こちらも腕まくり。ひさしぶりに墨すりをしてみると、自然と背筋がしゃんとのび、いい緊張があって楽しい。すぅすぅという音色。ふわっと鼻をくすぐる匂い。ふいに懐かしさがこみあげてくる。

民子さんの胸によみがえる面影は、父。戦時中、ひめゆり学徒隊を引率した先生であり、戦後は胸内に重い荷を抱えて生きていた――そんな父の心やすめが、歌を詠み書にしたためる時間だったと。

会うことはもう叶わない人が、モノクロームの墨景色のなかにふんわりと佇んでいる。墨すりが描く、もうひとつの世界。

さて、大仕事をなした気分になるほど（大ボウルいっぱい）墨汁をつくって、いよいよ染め。深型の容器に紙を寝かせ、墨汁を少しずつひたす（布染めの場合は、染色を定着させるために呉汁を足すが、今回は紙なので入れないそう）。指先でゆっくり押すと、空に黒雲が広がるように、じわじわと色が染みてゆく。

仕上げは乾燥で、庭先に広げて干す。あとは、太陽の力に託して、「いい色になりますように」とオマジナイを唱えたらおしまい。

「色の配分も少しは意識しますよ。でもね、思い通りにいかなくても、さあて、ここからどうおもしろくしよう？　そんなふうに考えるのが好き。人生だってそう。こんなふうに生きたいと思っても、筋書き通りにはいかないでしょう」。

失敗だ、ボロだ、と他人のものさしで決めつけない。きっといいようになると信じるほうへ自分を導く。幸せの種は、そんなところにあるのだろう。

まきし・たみこ◉真喜志民子
沖縄在住、染織作家。草木や墨で染めたモダンな布は、ジャズのリズムをまとうように軽やかで、心うるおす世界観を持つ。

Story 03

Yu Kobayashi

# こばやしゆふさん ［アーティスト］

# わたしの手で考え心が想う形に。

ゆふさんは静岡の海っぺりに暮らしている。三角屋根がついた巣箱のような家で、土台と屋根など骨組み以外の、壁や床張り、扉や棚、家具もほとんどを自作した。

この家の前は、茶畑の丘にポツンと佇む古民家を大改造して、木と土と緑風が溶けあうバリ島のヴィラのような住まいにした。

山から海へ住処を移し、20余年。前庭から海まで160歩。防風林を抜けると、どど〜んと太平洋の波が寄せる。毎回訪れると、わたしたちは砂浜をともに歩き、旅や本、健康法、気になってる話題でおしゃべりを楽しむ。本日のお題は「ゆふさんの愛しのボロ」と投げかけてみる。「えーと、うちボロばっかしだし、すべて愛おしいヨ」といい小麦色の笑顔を光らせる。

では最初のボロ、玄関の大扉からご紹介を。

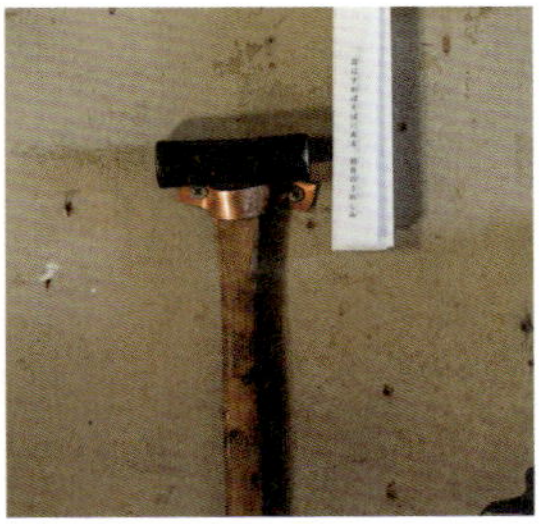

長く家の番人をつとめてきた銅扉は、海から吹く強風や嵐から守りしのぎ、皺ぶいた老漁師のような表情をしている。最初につくった板扉を土台に、上から貼りつけた銅板は、廃棄品の雨樋からつくったそう。雨樋って筒状の？と首をかしげると、そうそうと頷く。

「雨樋の丸くなってるのをペンチで広げて、トンカチでガンガン叩いて平らにしたの。すごーく時間がかかって、ものすごーく手が痛かったなあ」と苦笑いして、しびれた手の感触を懐かしむ。気に入るいまの扉になるまでに、3回はやり直し、ほかにもたくさんつくり変えたけどネ、と含み笑いで応える。

「これやってみたら、どうなる？とやってみては失敗。もうね、たくさん失敗しているの。でも失敗したら、自分でわかることがたくさんあるから、いいんだよね」。とてつもない労力も時間も、心に添ったものが生まれるのならちっとも惜しくない。何度もつくり直すほど愛着の強度はぐんと増すのだ。

扉を開けると、広がる高天井の体育館のようで、光がふり注ぐ空間の3分の2がコンクリート土間のアトリエ。天井からブランコが吊り下がり、心がほどける自由な空気が流れている。細部に見入り引いて眺め、そうかと気づく。日々いろんな形を生みだしてきたこの部屋も、ゆふさんの愛しのボロだ。

とんがり屋根に常駐しているイソヒヨドリが朝を告げる声を聞きながら、目覚めのコーヒーを淹れる。大のコーヒー党で、コーヒーミルはもう何台も使い潰した。いまのミルもそろそろ寿命かもと、危ぶむゆふさん。「でも完全に壊れてないから、まだ捨てられない。機械だって命があるからネ」。いつぞやは圧力釜や洗濯機でも同じような心配をしていた。道具も命のギリギリまで使いつくしてあげたいのだ。

アトリエの奥に、板敷きの生活空間がある。部屋の半分が台所スペース。食べることを大事にしている人のキッチンは、みっちり使いこまれた、頼もしい道具たちが陣どっている。

台所の横には、書斎と寝台のスペース。手

製のベットや机は自分のお尻の大きさや膝下の長さを測ってつくりあげた。一般の規格にならったものは、ひとつもなく、まったくの「身の丈」。それも心身が変化を感じたら、つど更新。ちょっと膝が当たるな、とか。机の下に手が届く棚があったらいいな、とか。思いつけば、つくり直さずにはいられない。だから出番の多い工具は道具箱にしまわず、みえる場所にスタンバイさせている。

それから机とベットのレイアウトには、定位置がない。夏は西の窓へ机を寄せて夕暮れの空を眺めて、冬の寝床は防寒しやすい配置を考えて、ぐるりぐるりと居心地のいい場所へ移ってゆく。まるで家内遊牧民のように。暦の数字ではなく、季節の光と空気を感じて、健やかにしなやかに暮らす。

ゆふさんの家には、目があうとほっこりとするボロが棲んでいる。たとえば部屋の隅っこにいるニョロニョロした、かわいくてふしぎな物体。ちょっと生きものみたいだね、というと、ゆふさんはニンマリして「このコたちは帽子かけだヨ」と紹介してくれる。もともとは浜に流れついた流木。じっくり時間をおいて乾かし、あるときひらめいて、色あせた木肌にペンキを塗って、曲線を活かした「帽子かけ」という、愉快なモチーフに生まれ変わらせた。

個性豊かでみたことのないものづくりを可能にするのは、此方彼方からの「恵みもの」。嵐ののちに流れついた根つきの大木、海風にさらされて角がとれた分厚い板、漁に使われていたロープや錆びた金属などなど。時空を超えて、ゆふさんのもとに集まってきたものたち。古びてこなれた素材たちは、手にした時点で大冒険をしてきたような魂が宿っているように感じて、いつも心動かされるという。

「きれいっぽく枠に押しこめて、らしくないものにしてしまったら、それは〝敗北〟」と「敗北」にひときわ力をこめる。ものの魂を生かすように、手を動かす。そのためにも日々体を動かして整えておく。身体が健やかであって、自分の感じたことをおもしろがってこそ、ものをつくれるのだから。

寒さが苦手なゆうさん。冬の底冷えする時期、ムートンラグは手放せない。

「モロッコに行ったとき、ムスリムの人たちがお祈りの時間になると床にムートンのラグを敷いて膝をついているのをみて、これはすごくいいと思って手に入れたの。コンクリートの上でもお尻が痛くないし、寝床の下に敷くと、ぬくぬくあたたかいんだよね」。

ゲストがきた日は、床座で食事を楽しむ。冬場の床敷には、古い綿布にムートンを重ねづかいにする。酷使してすれてほつれてきて、裏地に革を縫いつけて補強した。

「ボロボロになるってことは、使っているってこと。繕えば繕うほど好きになるから」。

ベット下にある木箱には、旅の記録や写真が収まっている。コロナ禍以前は毎年のように、アフリカのサハラ砂漠の国々を旅してきた。砂漠のなにに魅せられるの？と問うと即答。なにもないから——。砂漠には地平線の眺めだけ。便利がない、それがいいという。実際、砂漠の民たちを数年またいで再訪しても、彼らの暮らし向きは変わりない。ラクダにのり、薪で煮炊きし、砂ぼこりのする土の上で暮らしていた。

「なにしろ便利な暮らしがしたい人は、土地から離れるだろうし。彼らは、たくさんのものを得る人生を目指してないんじゃないかな」。

潤沢なものに囲まれていると、貧しく感じることがある。身軽さに引きだされるたくましい自力を、砂漠の旅で養ってくるのだろう。

2
3

ここ数年、ゆふさんは意識をして持ちものを減らしている。大判の絵を描くために広い床面積が必要で、思いついたらすぐ体を動かせるスペースが自分には大事だからという。

大量の愛蔵書を手放し、収納箱をすっかり空け、愛着のある家具類は大事にしてくれる友人知人へ里子にだした。好きなものだらけの暮らしから、「自分に欠かせないもの」をぎゅっと抽出するために、こんな想像をいつも巡らせてきた。

「もし最低限のものしか持ちだせない状況になったら、手にするものはどれ?」

いつも思い浮かぶのは、西アフリカでめぐり会った木鉢。大木からくり抜いてつくられた大ぶりの椀のような器は、20年近く、つねにそばにおいてきた。表面の塗りがかすれると柿渋を塗り、ひび割れは漆で継ぎ、そういう塗り直しも割れ継ぎにも愛着がにじむ。

「ベットもなにもない部屋に、この器の姿があれば、心がやすまると思う。これだけあれば、もの容れにしてもいいし。運搬しやすく指をかける取っ手もついてるから、アフリカの女性みたいに頭にのせて運ぶこともできるからね」。

つくり手はブルキナファソ北部にある田舎村に住む、穏やかなまなざしをしたおじいさん。ゆうさんの旅の流儀では、飛行機で降り立ったところで市場を歩き、すてきなものをみつけては、どこの誰がつくっている? と訊ね、つくっている人のところへ向かうのだけど、この木の鉢ともそうやって出会ったという。

ブルキナファソのおじいさんの手仕事は、丁寧さと荒削りなよさが混じっていて、そこに惹かれ、サイズ違いの鉢を3つ選んだ。

「外国人だからって買い叩きもせず、土地の値段で譲ってくれた（飛行機の運搬代には目が飛びでたケド！）。まわりのおじさんたちは、オマエよかったな、たくさん買ってもらってと大盛りあがり。おじいちゃんも穏やかに嬉しそうだったなあ」。おじいさんのシワシワ笑顔の記憶も含めて、愛着が深いものになった。なにもない砂漠で実直に生きてきた男がつくった鉢は、ゆうさんのお守り。窮地にも静かに鼓舞してくれる友のよう。

こばやし・ゆふ◉
海辺に暮らし、砂漠の地を愛する。絵を描き、作陶するのと同じように衣食住の手づくりを楽しむ。

Story 04

Mika Yamashiro

# 山城美佳さん

［服飾デザイナー］

## 捨布から無駄でかわいいものを。

美佳さんは、ご主人が営むカフェを手伝いながら、沖縄に住む仲間3人と「SANKAKU（サンカク）」というユニットで服を制作している。

アトリエは、家族がくつろぐリビングの一角。ミシンの前に座って、おしゃべりしながら机に散らばる糸を指先でくるくる丸め、小さなハートをつくる。糸クズって、かわいいなあと笑う。「服づくりは楽しいですよ。だけど、ずっとは制作を続けられなくて、途中で糸とか布とか触りながら、くだらない、無駄なものをつくります。そういうのをやらないとダメなんです」。

ワンピースの端裂を細紐にして布ボタンにしたり。布クズを同形にカットしてし、マットやレイみたいなオブジェにしたり。思いつくまま、ミシンを踏むのをやめてチクチクと。美佳さんの手から「愛しの無駄なもの」が生まれる。

窓辺に目をやれば、サッカーボールくらい大玉のボンボンがぶら下がっている。毛糸や布きれを椅子の背もたれに巻きつけ、ボンボンづくりに夢中な時代もあったとか。それから新しくつけたカーテンは、たまっていくいっぽうのエコ布バックを、カットして大ぶりのパッチワークにしてリメイクしたもので、そのアイデアとかわいさに脱帽！

「服だけをつくってると煮詰まってしまうから」仕事とは違う、無駄なものと向きあう時間が欠かせない。創作、家事や子育て、胸にたまっていくものをするっと流すための、深呼吸のようなひとときなのだ。

取材した2年前、美佳さん一家は沖縄の「外人住宅」と呼ばれる古家に10年ほど住んでいた。そして昨年引っ越した先も、外人住宅を模倣して日本人が建てた、築50年ほどの洋風フラットハウス。このタイプの家には、おおむねノスタルジックなアメリカにこだわりをもって住む人が多いが、美佳さんが気に入っていたのは、「気楽さ」。白い箱のような、ざっくりした洋の間取りは、そのときどきの家族の事情にあわせて部屋を変えやすく、使い勝手がよいそう。

おおらかな空気が流れる住まいのあちこちには、愛嬌のある「無駄なもの」が散らばって、日常にちょっと楽しい色を添えている。

「物欲、すごぉーくあるんです。お買いものってテンションがあがるじゃないですか」。なじみの店で、旅先で、服でも雑貨でも、ピンときたら、迷わずに手に入れるという美佳さん。いつかの高知旅行の帰り、海で拾った石があまりに美しくて、帰りのスーツケースの半分に石を詰めこんだ。空港の手荷物検査で、盛大に怪しまれ、「いやいやいやいや、これっ、ただの石なんですっ！」と力いっぱいに説いたとか。

大事にしてきたのは、日常のなかで、目にしたり触れたりすると ウキウキした気分になるもの。それは「SANKAKU」の魅力ともぴったりリンクしている。

最初に洋服づくりに興味を持ったのは、おしゃれ盛りの高校生の頃で、母から布を服の形にする、基本をひと通り教わった。アパレルを営んでいた母も、祖母に基礎だけ習い自己流で身につけた洋裁で、美佳さんもその自由創作のスタイルを引き継いだ。教本もみずに、つくりたい服を頭に浮かべ、型紙なしで縫ってしまう。自分の「こんなのがほしい」純度を薄めないやり方を貫いてきた。

上｜余り毛糸でこしらえたボンボン。大きさが楽しさ。
下｜目隠し布の上には友人がつくった愛猫モゲそっくり人形。

The Triangles
Fig. 67.
Milieu par devant

必要になって、服づくりが再熱したのは産後すぐのタイミング。「授乳がしやすい、好みの既製服がまったくみつからなくて。ないなら自分でつくろうと思ったんです」。子育てに翻弄されて、いろいろ諦めがちな時期だからこそ、着たい服でおしゃれをする幸福が身に染みた。そのうちいまの仲間と集い、友人やそのまた友人のためにと、服づくりが広がっていった。

あるとき東京のおしゃれショップから展示会のオファーがきて「敷居が高すぎるー」と、おののいた美佳さんたち。「1年間、縫うのをやめちゃった」くらいにドンと引いた（かなりの怯み！）。けれど、1年後もまた声をかけてもらったことで奮い立って、「SANKAKU」の名をつけ、美佳さんたちの服は大海原に漕ぎだした。

東京、金沢、台湾と、各地で展示会をするようになって熱烈ファンが増えていて、わたし自身もその一人。デザインはもとより、柄あわせや配色もあざやかでキュートなのだ。「体型が変わっても、気楽に着てもらえる服ばかり。わたしは几帳面じゃないから」というけれど、ポケットや袖の見返しにこまやかに柄布が施してあったり、「あ、こんなところに！」と、着る人がみつけると嬉しくなる工夫があるのだ。

着ているとつい鼻歌がでてくるような服づくりには、役に立たないものたちの下支えがあればこそなのだろう。

## もこもこ服を人形に

美佳さんの愛着あふれる「無駄なもの」をふたたび。材料はお気に入りの古着で、ふわふわもこもこシリーズ。昔からずっと「ふわもこの感触のものが大好き」で、子猫から育てたモゲも、うっとりするふわふわの白毛。ついでに若い頃に自分も髪をもふもふアフロにしてたなあ、と屈託なく笑う。

まず、15年ほど着こんだもこもこのウールベスト。着ているると「猟師になったような気分になる」とっておきの服だった。洗濯で縮んでしまったけれど捨てられず、袖の布をそのまま活かし、くせ毛と黄色の瞳をしたチャーミングなモグラ人形につくり変えた。

もう1枚。もふもふのフリースは、着つくした生地の肌ざわりのよさを活かしてパペット指人形に。娘のノアちゃんのおもちゃにして遊ん

でもらおうと思ったが、あまり気に入ってくれてないと苦笑い。でも、今日は撮影だからと、母娘で人形と戯れようとしてくれる美佳さん。「ほら、手を入れてみて。動くとカワイーんだよー」「ママ、これ鼻毛でてるの？なんか顔がカワイくないよ」。

ノアちゃんに痛いところをつかれ、その場のみんなで吹きだし、ふっと空気がゆるんだ。

手を動かして授かる、くだらなくも幸せな心のよすが。「無駄なもの」は懐が深いのだ。

---

やましろ・みか◉山城美佳

おもにインドの布を使った服づくり「SANKAKU」の一員として活動。底抜けに明るい彼女たちの服をまとうと心がピカピカに晴れると評判。

Story 05

Chie Hasegawa

長谷川ちえさん

［生活雑貨店主・随筆家］

# ものづきあいは家族のように。

コーヒー好きのちえさんの最愛品、シルバーのコーヒーポットは四半世紀の友である。保温がよく湯を注ぐ角度が絶妙と、毎日手にしてきた。あるとき経年変化で黒っぽく変色したポットを、新潟は燕三条にある製造元へ磨きにだしたところ、「老婆がぴちぴちの若い娘になった」と目を丸くして驚いたという。
焦がしてくすんだ銅製ミルクパン、黒ずんでタガがゆるんだ洗い桶も「老婆から娘」になったリペア経験組で、タフな道具たちが台所を支えている。

暮らしのものはなるべく修復しながら使い続ける。仕事においても暮らしにおいても、それが生活道具のギャラリーを営むちえさんの信条。それには、なるたけ「つくり手がたどれる」もの選びが重大事項。ものづきあいは、人づきあい。つくり手の存在に委ねられる安心感があって、それは幸せな繋がりとなってゆく。

きれいごとだけどね、といい添えて、ちえさんは噛みしめるように話す。

「ものはどんどん使ってこそだと思うんです。新品とは違う関係性をきずけたり、使いこんだものの表情に流れる時間を感じられたり、それって豊かなことじゃないのかなと」。

上｜直し前の椀。15年使い続けて塗りが擦れ艶が曇ってきて。
下｜直し後の椀。塗り直された漆はしっとりした艶で魅力が増した。

ちょうど取材の午後、ちえさんが15年ほど使っている漆椀が、お直しから戻ってきた。長く使っているうちに口の当たるあたりの塗りが艶を失い、そろそろ頃あいと、つくり手の宮下智吉さんに塗り直しを託したものだった。

「わあ、ちょっとヨソの子感があるくらい、新品みたいにピカピカになったね」。子の成長に感嘆する親のごとく、直された漆椀を褒めあげて、こう告げる。

「15年かけて使い続けて塗り直したから。これで少なくともあと15年は使い続けられると思うと嬉しいなあ。漆の器って、使えば使うほどおもしろくなるんですよ」。

漆という器を自分自身のライフワークとして、深く長くつきあっていきたい。そんな想いが育ったのは、漆工・宮下智吉さん一家との交流のおかげという。

年1回、「家族の漆」というテーマで企画展を続けて、かれこれ10年。会期前には必ず、ちえさん、写真担当のショージさんともども、長野の山辺に暮らす宮下家での合宿が恒例になっている。それはとくだん構えたものでなく、宮下家と同じ卓でごはんを食べ、温泉につかって近所の野山を散歩し、考えていることを伝えあう。寝食をともにして、「家族の漆」を肌身に染みこませるような合宿だ。

## 丈夫で美しい、漆の食卓

「家族の漆」合宿。ごはんはどんな？と訊けば、うっとり顔で、「それが宮下さんはすごーく料理が上手で」と返ってきた。旬の地野菜でさっと滋味深いおかずをつくり、毎日家族みんなのお弁当をこしらえて漆箱に詰め、おやつも焼いてくれる（チーズケーキが絶品とか！）。なにより朝昼晩の器づかいが肝。お汁やごはんはもとより、コロッケや天ぷらの揚げもの、パスタにだっていいんだと、親しくつきあえる漆器の視界がどんどん広がっていくと、声弾ませて教えてくれる。

漆は軽くて丈夫で、長く使える器。「欠けても割れても塗りがはげても、直しますよ」といってくれる宮下さんは、木地から上塗り、仕上げまでを手がけている。一家の暮らしを通じて漆

まわりの景色を知るほどに、なりわい以上に漆の魅力に惹かれているという。

お店にいると、年齢も使い方もさまざまな人の漆相談にのるという。

「漆の艶ってどうやったらでるの？ と尋ねられたことがあります。早く艶をだそうとこすっても難しいもので、やっぱりゆるやかな時間が必要なんです。こんなに使っちゃったと眺める日を、楽しみにして使い続ける。生活のなかでそんな余裕を持てることがあるって、ちょっといいですよね」。

前出の塗り直したちえさんのお椀には、晩秋を味わう栗ごはん。月日をかけて使い、塗りを重ね艶めくお椀が、まだまだ伝えることは山のようにあるよ、と勇気を与えてくれる。

## 外は古く、内は新たに

昭和の木造平屋の木扉をガラガラと開けると、漫画「サザエさん」の画がふっと頭をよぎる、のんびりとした佇まい。

結婚を機に、東京・下町から福島の三春に移って7年目のこと。物件探しをしていた夫から「感じのいい平屋の空き家があったよ!」と連絡が入った。うしろに大きな欅を背負ったその古家のやさしい姿を、夫婦ともひと目で気に入った。こと、ちえさんにとっては最愛の祖母がいた隠居の情景とも重なり、胸をギュッとつかまれた。古家は人を選ぶ、というけれど、当初は借りることが叶わずに一旦諦めたのに、のちにふしぎな縁で家主となったという。

感度の違う人にはボロボロの廃墟にもみえる家。けれどその簡素な佇まいが気に入ってしまった夫婦は、外観はできる限りキープしつつ、家の内側をごっそりフルリフォームするプランを実施。水まわりや断熱材など新しい設備はプロに任せ、こまごまとした内装の造作は自分たちで手を動かすことにした。

「漆喰の壁を塗り棚をつくり、ふたりでどこかまでやれるか、実験的なＤＩＹでね」。だから、まだらになった壁塗りもご愛嬌、とにっこり笑う。１年ほどかけて蘇った古家。縁側では愛猫、スイ・モク姉弟が尻尾をぴんと立て、遊ぼうよと誘ってくれる。夫婦ふたり＋猫２匹、ゆっくりと暮らしをなじませていく。

ここ数年、「ものづきあい」を考える強い体験があったという。

まず古家の改修で直面した、前住人の残留物の片づけ。よくも悪くもそのものの持ち主の気配が宿っているのだろう、みないで処分しようと思っても、心は千々に乱れたそう。

それから福島に移住してから、２年続けて大きな地震（震度６）があった。

「うちにあるものも割れて、ライフラインも一瞬止まって。哀しくて切なかったなあ。しばらくはお店のお客さんたちも、器をみても割れた記憶がよぎるし、自分もお買いものの気分がわかない。みんな気持ちが沈んでいました」。

被災後すぐに、ちえさんは使ってなかった器や道具を集め、飲食店の人たちに譲ったり、フリマを開いて、それで得たそのお金を被災者への寄付にまわした。

そんなことがあって、つらつらと考えたのが、家庭でも店の主としても、冒頭の「暮らしのものはなるべく修復しながら使い続ける」心持ちに行き着いた。ものがあふれるほどある世のなかは変わらない。持ちものすべてを修復できるものではないし、新しいものと出会う心のときめきを手放すのもなにか違う。取材後にいまの思いを清書するように、ちえさんからこんなメールが届いた。

新たに手にしたものだろうが、これまで使い続けていたものだろうが、

同じ温度感で、できる限り大事に使い続けたい。誰かの古道具を手にしたところで

満足するのではなく、自分で時間をかけて、それを自らつくりこむ感覚で。それでも暮らしのなかでちょっとした違和感が感じられれば、執着せずに、気持ちよく手放す心持ちでいたい。それは単に「捨てる」ではなく誰かに「手渡す」、または自分の心の軽やかさとなる循環になれば。

取材の夕べにワインを呑みながら、こんなふうにも語っていた。「誰かを変えたり政を為したり、大きなことはできないけれど、自分のまわりにいる大切な人たちを幸せにできることを考えたいなあ」。胸の前でふわっと両手をワに結んで、照れ笑いを浮かべるちえさんに、わたしも心のなかで唱和した。ぐるぐるまわそう、愛しい人、愛しいものたちの「輪」。

はせがわ・ちえ◉長谷川ちえ
エッセイスト、福島県三春町にある器と生活雑貨の店「in-kyo」店主。夫と姉弟猫2匹と暮らす。

Story 06

Toranekobonbon

# トラネコボンボン・中西なちおさん

［料理人・作画家］

## 駄紙のひそかなよろこび。

よっこらしょと机にのせた引きだしの木枠には紙の切れ端がこんもりと。「クズですよね?」と、なちおさんが気まずそうに笑う。捨てずにとってある紙をみてみたい、と確信犯を装ってリクエストしたのだ。こま切れの紙片は、切り絵のあとに机に残った紙から敗者復活したもの。「意識しないでランダムに。これが波で、こっちは鳥に」。選んだクズ紙をおくと、あ、海!鳥!と、たちまち存在が濃くなってくる。

「この余白に猫がいるといいなって、絵を足していくと物語が動いてくる。こんな見立てをして子どもの頃からひとり遊びをしてました」。生きもの、おいしいもの、お絵描き。大好きなものを胸に抱き続けた少女は、長じて「トラネコボンボン」の名で旅する料理人となり、猫が暮らす空想世界を描く絵本作家となっていた。

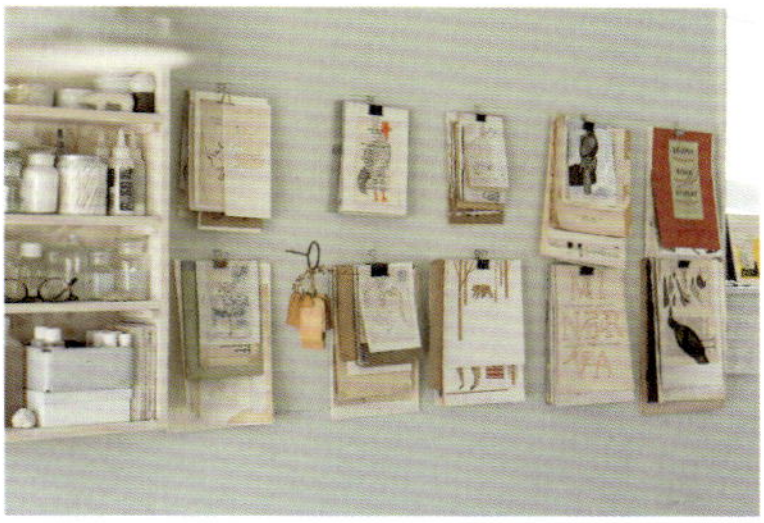

クスッと笑えるおかしみとやさしさを感じる、トラネコボンボンの作画。コラージュに使われる駄紙は、異国の古い辞書、図鑑、楽譜、ポストカードにレシートやら。

「100年以上経ったものもあって、紙が焼けて煤色になり、繊維が炭化して、少し触るだけで、ほろっと崩れてしまうんです。古い紙は外にだしっぱなしにしておくと劣化が進んでしまうので、ほとんど箱や棚のなかにしまっています」。

高知市街地にある、古い小体なビル。玄関のガラス扉を開けると、真っ白な空間があらわれる。紙がにぎやかに積まれているのではと思いきや、そのアトリエは、清らかに整った空気が流れていた。

旅や引っ越しが多いから、万事ものは少なく。服や生活道具、気に入って飾っている雑貨や拾ってきた石だってたまりすぎたら、すっぱり手放す。そういうなかで駄紙の処遇ときたら、ダントツに優遇されている。

「駄紙は、いつだって募集してますよー」とさらに歓迎のひと言。まだみぬ駄紙たちへ、そこはかとない愛の波動をおくる。

ORDER NO.:L45046
Q'TY: 24
บิลเงินสด
Cash Sale
No. 3

アトリエの奥には、大切な紙たちが収まっている白い棚がある。その半分以上が、東日本大震災後から「記憶のモンプチ」と題して一日一画、ブログにアップをしてきたプライベートワークの原画だ。

はじまりは、２０１１年3月。

福島のために活動している友人から、「物資はなにもいらないから、毎日一枚、動物の絵を描いて」と頼まれたことから。あの頃、食べものだけでは埋まらない、心の枯れを癒すものが必要だったのだ。

ハートフルでピースフルな動物たちを描いた、毎日の一枚。哀しみや寂しさに溺れそうになった誰かがやすらげるように、ブログを通じて贈ってきた。

今年14年で、ざっと４７４５枚。

数ヶ月ずつの原画をまとめた棚の箱は、積みあげてきた歳月。自分には続けることしかできないから、と小さくつぶやくなちおさん。

日々欠かさずに描くということは、日々忘れないということ。あの震災はまだ終わってないと、いまも知らせてくれる。

## 最愛の駄紙コレクション

心惹かれる紙は、文字や絵がグラフィックとしての魅力あるもの。みつけるのは旅先の古本屋やアンティークショップが多いそうだが、たまに嗜好が通じあう友人から、「これ好きでしょう」と送られてもくるそうだ。

ひそかに大切にしてるのは、フランスアンティーク「ボンコアン」の故店主・ひろ子さんがセレクトした古紙もの。「彼女のセンスが大好きでした」と懐かしむなちおさん。

時計修理用のパーツを入れた小箱は、蓋を開けるたびに内紙のピンクの愛らしさに、胸がきゅんと高鳴る。それから携帯仕様のヨーロッパの地図。裏を麻地で補強したベージュの色味がなんとも品がよく、胸ポケットに入れて旅をしてみたくなる。

フランスのクリーニング屋の台帳は、褐色のページのなかに生活の匂いがたちこめていた。古紙をめくりながら、妄想があちらこちらへと広がっていく。

この台帳、注意ぶかく撮影をしていると、パープルインクの流麗な文字のすみっこに、新しい猫の描き足しをみつけて、目が釘づけになった。「ワルい顔してますね」と落書きがみつかってしまったみたいに、なちおさんが照れ笑いする。誰もみることがない駄紙のあわいに、トラネコボンボンが棲んでいる。

## 捨てる紙あれば拾う猫あり

下地の厚紙から切り落としの端紙がでると、刷毛として再使用しているそう。「色を塗ったり、糊をつけたり。しなる感じが、ときにはちゃんとした道具より使い勝手がよいときもあるんです」。

お気に入りのものにも、執着はあまりない。どのアイテムも、ストック枠を設けて数量をコントロール。箱や棚に収まるだけ、壺に詰まるだけ。それで、いっぱいになったらリセットする。

引きだしや棚は、なかまで定位置が決まっている。収納上手と感心すると、ぶんぶん首をふって苦く笑う。片づけが苦手だからこそ、もののありかと戻し場所をわかりやすく分類しないと、気持ちが落ち着かないのだという。

「分類できずにあふれてしまうと、許容範囲を超えてしまうから。それでいて引きだしの戸や、扉、びんの蓋でも、ちょっとだけ開けておきたいっていう、ヘンな癖があるんですよ(笑)。だから几帳面というのとは、ちょっと違うんですよね」。

少しの隙間は、風を通しよく自由でいるための余白のようにも思える。

上｜2階のゲストルーム。白く塗った棚に白い器やガラスを並べて。
左頁｜玄関脇の鍵コーナーには子どもにもらった絵手紙を貼り添え。

まっさらな新しい紙に描くのと、古い紙を切り貼りした紙に描くのは、どんなふうに違うものだろうか？　そう訊ねるとすてきな答えが返ってきた。「新しい家に住むのと、古い家に手を加えて住むのに似ているんじゃないでしょうか、この家みたいに。わたしは古い家に手を加えるのが好きなんです」。

仕事の拠点としての東京と、ふるさとの高知。長く続けてきた二拠点生活をコロナ禍を機に、2021年から暮らしの軸を高知にまとめた。住まいは、もともと部屋を借りていたアパートメントを、大家さんに交渉して1軒丸ごと借り受けることに。夫婦ふたりの心地いい棲み家になるように、床を張り替え、水まわりをメンテナンス。清潔感のある好みの「白」に調合したペンキを、自分たちの手で、部屋の壁から天井まですっかり塗って調えた。

高校を卒業して以来の地元・高知での暮らしは、思ってた以上に心弾むものだという。近くの朝市に通い、海や山で遊び、家族や友人のために料理して、めぐる季節を楽しみ、そのかたわら紙を切ったり貼ったり。家は白い台紙のように、日々の物語をひらりひらり積み重ねている。

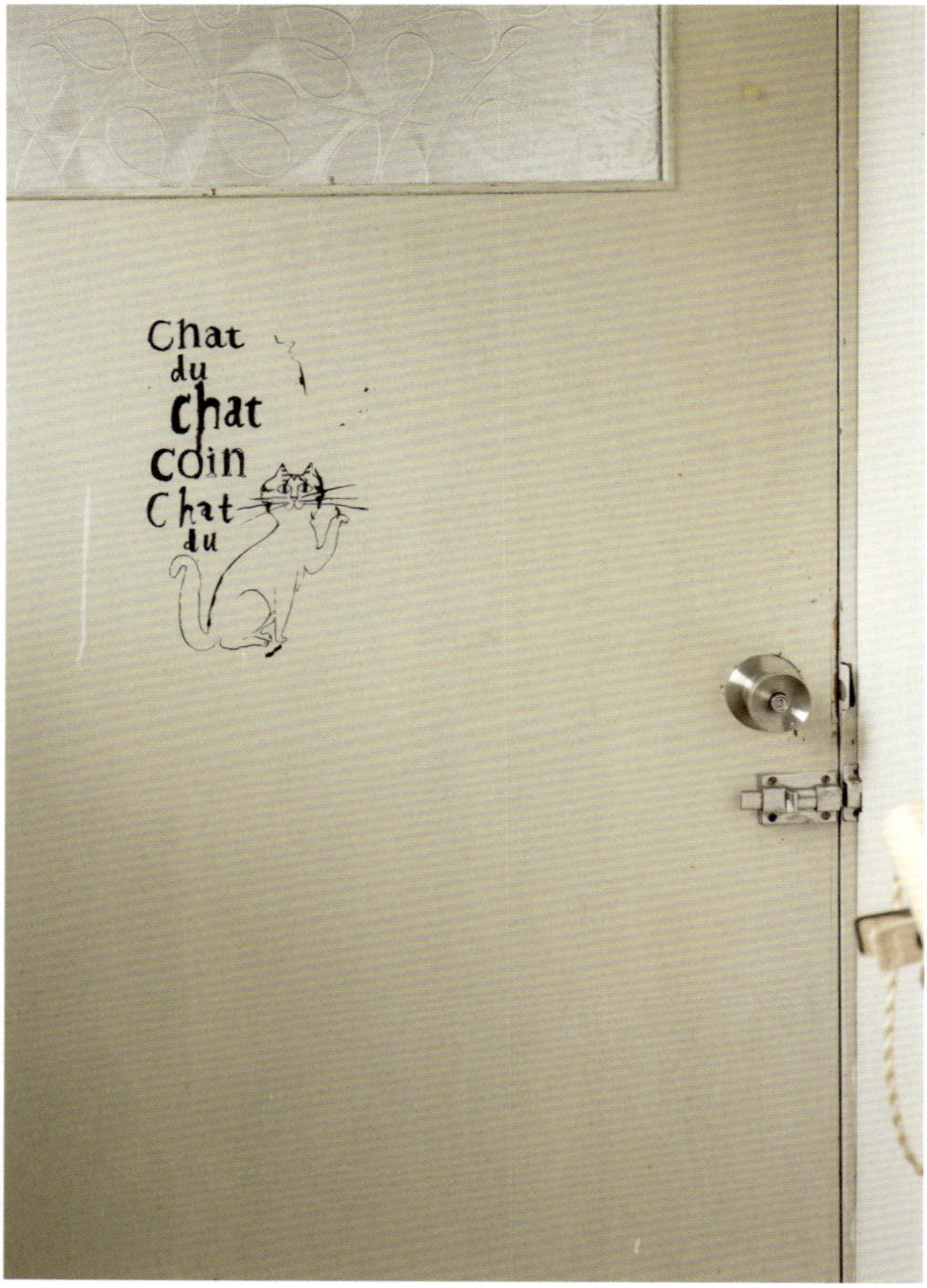


なかにし・なちお◉中西なちお

2007年よりトラネコボンボン主宰。現在は高知を拠点とする。「動物新聞」にはじまりブログ「記憶のモンプチ」、絵本などで動物の作画を展開。

# beloved BoRo

[墨染ナプキン]

［裂織バッグ］

［手提げカゴ］

［皿蓋やかん］

［継ぎはぎ鍋つかみ］

［布カバーノート］

「リメイク人形」

［肘当てダーニング］

［刺繍ダーニング］

［買いものカゴ］

［お直しエプロン］

［アイロン台のライト］

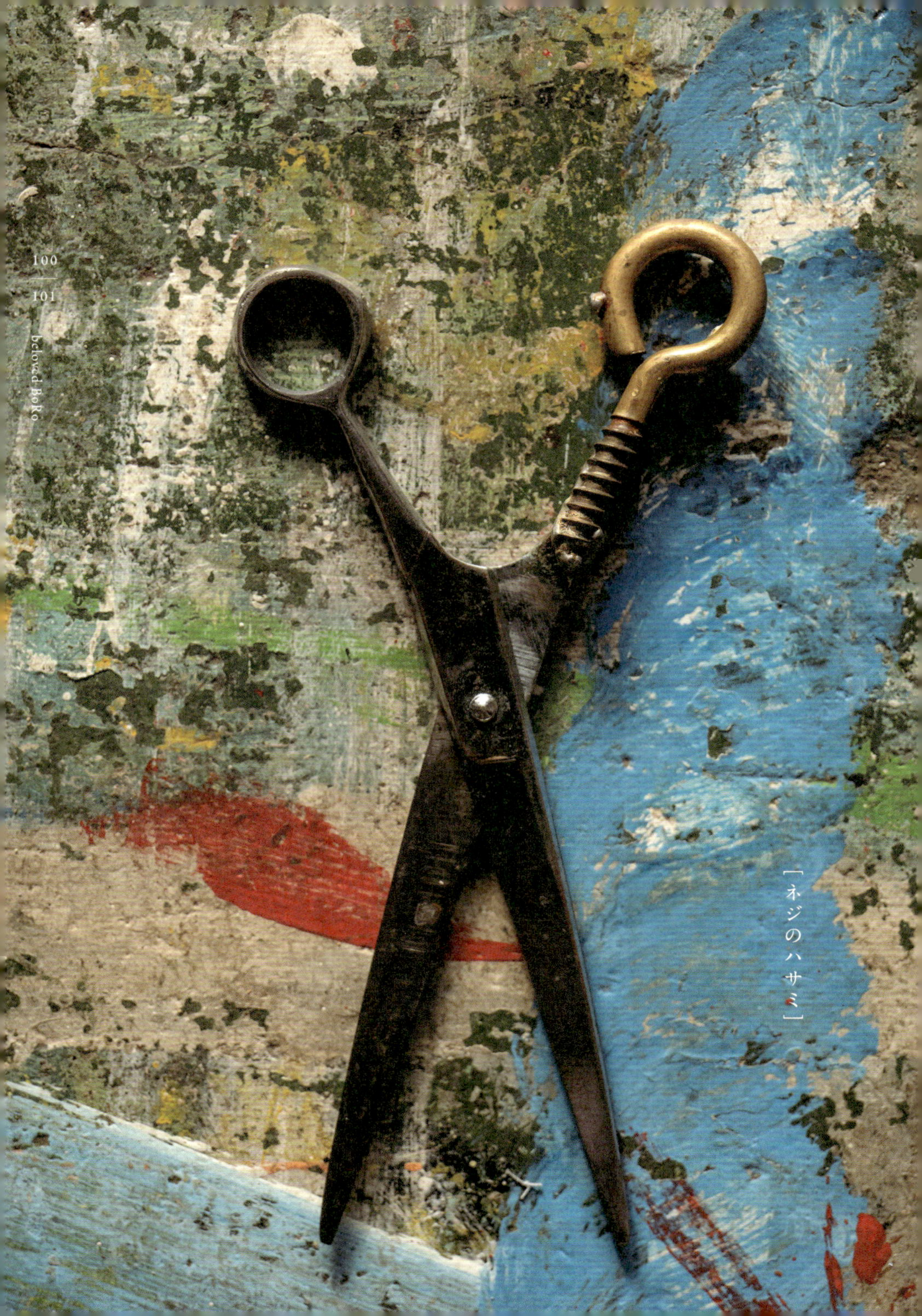

［ネジのハサミ］

［ダンボール椅子］

［切り貼り障子］

# beloved BoRo

**P.89 墨染ナプキン**
知人からもらった麻布のナプキンを使い古したのち、余りの墨汁にひたして放置。するとすてきな濃淡の墨色の枡目に。(T)

**P.90 裂織バッグ**
友人が使い古した裂織バッグを、サイズを変え持ち手を変えた。つけ足したポケットはマリ共和国のどろ染めの裂。(Y)

**P.91 手提げカゴ**
食材入れの竹カゴ。編みがゆるんでほどけた縁は革紐で、持ち手は黒テープで巻いて補修。(Y)

**P.92 皿蓋やかん**
土瓶の壊れた取手は針金で巻き、割れた蓋の代わりに小皿を当てがった。(T・T)

**P.93 継ぎはぎ鍋つかみ**
柿渋で染めた麻はフリーハンドで切って、自分の手にあうサイズに手縫い。(Y)

**P.94 布カバーノート**
無印のノートに麻の残布を貼りカバーにしレシピ帖や日記帖に。ハートは糸クズで形づくった。(M)

**P.95 リメイク人形**
モフモフの古着を茶毛で黄色い瞳のモグラ人形に、フリースの古着をパペット指人形に。(M)

**P.96 肘当てダーニング**
セーターの薄くなった肘をダーニング。配色と輪郭の美しさが大人っぽいポイントデザイン。(H)

**P.97 刺繍ダーニング**
40年ほど前のトレーナー。穴あきや袖のほつれカバーの刺繍は絵を描くような要領にて。(I)

**P.98 買いものカゴ**
母の形見の買いものカゴは自分の幼少期を思い出すもの。持ち手を修理して使い続けている。(K)

**P.99 お直しエプロン**
荒物屋で格安でみつけた白エプロンを漆作業の相棒に。漆がつき破れて繕うほどに深い表情に。(K)

**P.100 アイロン台のライト**
スタンドライトの壊れた土台の代わりにアイロンにコードをつけて。好みのパーツを寄せ集めたコラボリメイク。(S)

**P.101 ネジのハサミ**
持ち手部分が折れたハサミ。ちょうどよく指が入るネジ(ヒートン)をハンダでつけて修復。(S)

**P.102 ダンボール椅子**
友人からの宅配便の箱だった精密機械梱包用の頑丈な段ボールを活かしてサイコロ椅子に。白ガムテープやボロ布を貼り、ペンキで塗装。(Y)

**P.104 切り貼り障子**
障子の穴は破った人が修理する家ルール。子どもたちが学校のプリントや漫画をちぎって塞いだ絶妙コラージュ。(S)

T＝真喜志民子　Y＝こばやしゆふ　T・T＝高木陶子
M＝山城美佳　H＝橋本靖代　I＝伊能正人　K＝黒田雪子　S＝曽田耕

Story 07

Touko Takagi

# 高木陶子さん ［革作家］

# 働きがいをみつけたスヌーピー。

革作家の高木さんちにボロでかっこいいスヌーピーがいる。そんな話を写真担当のショージさんが取材先で拾い、目利きのアンティークバイヤーからの情報も別口で届いた。いざ噂のスヌーピーに会いに。リビングの扉を開けると、白いソファに鎮座して静かに迎えてくれた。推定年齢60歳、ほぼ還暦。くすんだ肌色やもげた手足のお姿には、寄る年並み以上の年輪とふしぎなオーラが漂い、ちょっと気圧された。

「かろうじて耳はついているけれど、ラスタマンみたいになってしまい……」トホホと眉を下げる陶子さん。長く子どもたちのおしゃぶり代わりになり、布の裂けは娘のセツちゃんの甘噛みによるもので、つまり愛されすぎたゆえの姿形という。

「噛み跡も思い出としてほどほどに残しつつ。でも耳がなくなるとスヌーピーじゃない感じになるから、そこは守ってあげたいなと思ってます」。

これは親子2代に愛されたスヌーピーのファミリーストーリー。

はじまりは陶子さんが20歳のとき、大学の友人宅でビンテージのスヌーピーをみて。白黒のデザイン、現行品にないファニーフェイスに惹かれ、アメコミの古着屋で手に入れた。「当時はぬいぐるみをかわいがってほしがる感情ではなく、かっこいい照明やテーブルを選ぶような、インテリアアイテムとして手に入れたんです」。以来ずっと、就職、結婚、一男一女の誕生も見守り、陶子さんの人生に連れ添ってきた。

高木さん夫婦は、バックなどの革製品を手で製作しながら、長男の寛次郎くんと、4歳下に生まれたセツちゃんの子育てに奮闘してきた。

子どもの誕生によりスヌーピーの身の上は、部屋の装飾品から子どもたちのお守り役へ。とりわけセツちゃんの寵愛は深く、幼い頃のアルバム写真には、ピクニック、運動会、里帰り、海でも山でも、傍らにいつもスヌーピーがいる。

一緒にいて当たり前。そんなぬいぐるみが特別と気づいたのが「青森スヌーピー失踪事件」。旅の途中で、スーパーのトイレにおき忘れてしまったのだ。

「あんなボロボロだから、捨てられてもしょーがないか……」と。高木さん夫婦のもやった気持ちを一掃したのが、寛次郎くんが大泣きで乞うた「ぜっーたい迎えに戻って！」の声。だってあれは、小さな妹の大切な友だちだからと。

すぐスーパーに問いあわせると、「灰色の？ぬいぐるみ？はいはい、ありますよー」の朗報に、家族みんなが安堵。（もはやスヌーピーでも白黒でもなく、灰色の人形らしきもの判定だったが）郵送にて、ぶじに帰宅。その日から、スヌーピーは高木家にとって唯一無二のメンバーに。それからもおき忘れ事件は再発したけれど、もう1ミリも迷うことなくダッシュで救出に走っている。

「この先？　触ったら布がほろっと崩れるまで。命の限界まで生かしたいです」。

## 娘の友となり母の救い手となり

じつはスヌーピー、1体だけでなかった。此方彼方から集まり、いまは10体ほどに。セツちゃんが、ひとつひとつ愛称を紹介してくれる。「初代で、こっちは二代目、大きいのはオーピー、アーピー、タケジロウ、ほかにもいるよ！」。ピカピカの笑顔の少女が、Tシャツの内に、ぎゅっと押しこんだ「初代」、それはあのボロボロスヌーピーである。

スヌーピーたちの増員は、なんといっても初代を長生きさせる温存策であり、そして子育てのアシスト要員になっているとか。自分は子育て向きの性格ではないから、と声を落とす陶子さん。

「だから娘より、こじらせ母の応援団として。味方は多いほどいいんです！」。

子と生きることは、大海原を旅するようなも

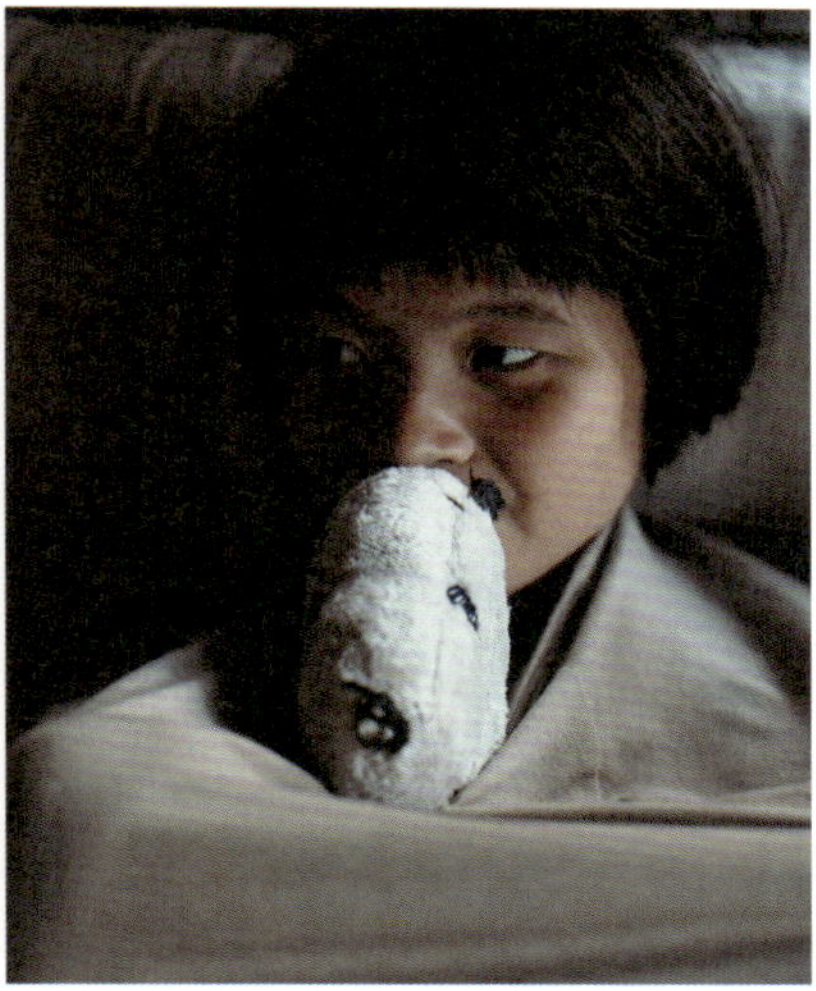

のという。親としては子の「できうる限りの幸せ」を切に願う。凪の日もあれば暴風雨をあびる日もある人生を、安全で健やかに泳げる航路へ導いてあげたい。けれども、子の感受性はそれぞれ。親の思いが伝わりづらい子どもだっていて、助けになるならなんでもやって教えてあげたいと願うのが親だろう。

「彼女の先々のことを考えると、だんだん言葉が強く、怒気をはらんだ声になっちゃうんですよね。そういうとき、やさしい姿形のぬいぐるみに意見をのっけて話すと、格段に気持ちがゆるむ。ほんとにありがたい存在です」。

陶子さんは自分の少女時代を思い返した。内弁慶で小さなことで悩み傷つきやすい性格で、ぬいぐるみに気持ちのぐらつきを打ち明けて、毒をだして心の平和を保っていたことを。

幼少期のセツちゃんにも、スヌーピーたちを介するやり方がツボにハマった。ときに傷ついたセツちゃんがトイレに籠城。ガンとして開かずお手あげになると、スヌーピーたちが参上。擬人化してカウンセリングに入ってもらうのだ。「お友だちはどう思ったかな？　それ、オーピーはこう思うよ」。「ねえねえ、セツちゃん、それは謝ろうよ」。と、ぬいぐるみのキャラごとに声色をつくって伝える。（魂をこめたなりきり必勝法で）セツちゃんの心の扉が少しずつゆるんでいく。

ただいま思春期のセツちゃんと、何周目かの思春期という陶子さん。母の叱責を甘んじて受け入れねばならないときには、いまでも「お母さんの生声で怒らないで！」と、ぬいぐるみ応援団の繋ぎ交信がのぞまれるそう。

「癒しよりもっと尊い、子育ての重いものを担ってもらってきた。うちで一番の働きものたちで、もうスヌーピーたちにはリスペクトしかない」とこれまでのいろんな局面が浮かび、将吾さんがあたたかな視線をおくる。無償の愛と徳を積みあげた初代に、後光がさすのがみえた気がする。

上｜アトリエには端材の革でつくった動物のオブジェをディスプレイ。
下｜本日の当番「オーピー」はセッちゃんのお腹をあたためてもくれる。

上｜２階の扉は雪見障子があって、紙が破れたらモノクロチラシでカバー。
下｜ものは簡単に増やさない。好きな器も棚に収まるだけに絞る。

色が散らかるのが苦手。キッチンも白、黒
の器に茶系の道具で、柄ものは一切ない。

夫婦共働きで、自宅兼工房は中古の建材を活かした木造一軒家だ。ナチュラルでシンプルな空間に、スヌーピーたちが心地よくなじんでいる、その理由は色にあるよう。部屋は、白黒、グレー、茶系、と色調が揃い、生活があらわれがちな台所の食器棚の器でも、色は多用されない。暮らしの景色は、甘すぎもビターすぎもせず、静かな時間が流れている。

「自分たちはにぎにぎしさが苦手で、好きなもののストライクゾーンが狭いから」。そう控え目にいうふたり。自分たちらしいものがしっかりとわかって選んでいる人たち。これはきっと片づけにもコツがありそうだと訊ねると、やはり。

「毎夜、寝る前の10分が片づけタイムで、机の上、リビングと、子どもは忘れがちなのでチェックリストを使ってやります。いらないもの、いるもの。ちょっと行き詰まっているときも、片づけをしていると気持ちがリセットできるんです」

ものが多すぎると、大好きなものの存在が薄れてしまう。

ぬいぐるみたちも、たくさんだしっぱなしにすると乱雑にみえるので、当番制に。日ごとに1〜2体が出動し、終われば汚れを洗い、ジップロックにしまって休ませ、次の出番まで待機、といったシステムが採用されたそう。すばらしいワークバランス！

ちなみに夢想家のセツちゃんによれば、現在の初代はすべてのぬいぐるみを統べる神的な存在で、最近は表の出番は減っていても、ジップロックのなかから新入りのぬいぐるみたちに「セツちゃん対応」を指南しているとか。なんと、初代！エラすぎやしませんか？と感嘆すると、高木さんたちも頷いて「マザーテレサみたいな？」「スヌーピー教ですよ」などと笑顔をこぼして、みんなで頭を下げた。

ものにだって「生き方」があるのだと、ボロのスヌーピーが教えてくれる。

たかぎ・とうこ◉高木陶子
神奈川県在住。「HITOTSUBUSHA（一粒舎）」の屋号で、夫婦で革製品をつくる。暮らしに寄り添うバックや靴には、穏やかな美しさがある。

Story 08

Kanae Ishii

# 愛猫お気に入りの名作椅子。

石井佳苗さん［インテリアスタイリスト］

インテリア界隈で、つとに知られた「椅子好き」の石井さん。自宅にうかがうと個性豊かな逸品が、１ＬＤＫの空間にざっと数えて9脚ある。

センスのよいしつらいに小さく感嘆の声をあげて眺めていると、余白を猫たちが優雅にすり抜けていく。石井家の愛猫、ポポ・メグ夫婦と息子のハナオ。巷で「シャインズ」の愛称で知られる彼らにとって、そこかしこにおかれた名作椅子は日々の休憩場所のよう。とりわけお気に入りの場所となっているのが、リビングにあるひとり掛けソファ「ユトレヒト」だ。

「ユトレヒトの魅力は、なんといっても独特のフォルムですね」と石井さんが教えてくれる。１９３５年、オランダ人のヘーリット・トーマス・リートフェルトによりデザインされた、ロングセラーのアームチェア。後部の脚がなく、座面と背もたれを交差することで支えられた構造、それがL字の肘かけデザインともマッチして絶妙なバランスなのだと。

しげしげ見入っていると、シャインズが麗しいポーズでソファを魅せてくれる。背にのり、座面に陣どり、アームに足をかけ、椅子底にもぐって、バリバリバリバリ。代わりばんこに、3匹が爪を立てる。猫たちのチェア愛は生半可じゃないのだ。

「家具は一生ものを」と囚われがち。けれど石井さんの考えはすこぶる柔軟で、「年齢や好み、環境の変化によって、家具は空間と暮らしにあわせてアップデートしたほうが楽しいし、ストレスもないのでは」という。不要になったものは中古家具店で引き取ってもらい、必要なものを取り入れるなど、方法はあれやこれや。「見直して選ぶ」をくり返すことで、自分の「好き」の感覚を磨く。

いっぽうで、テイストの変遷や引っ越しを経ても、石井さんの暮らしを変わらずに支えてくれた椅子が2脚ある。

「わたしの原点ともいえる椅子の『スーパーレジェーラ』。それに、10年勤めた『カッシーナ』を辞めた独立のタイミングで手に入れたユトレヒトは変わらずに。この2脚は一生そばにおくだろうと思ってます」。

ユトレヒトの購入当時に選んだのは、フェルト地に赤いカバーで、じつは今回撮影したものは、起毛したベージュのカバーにさま変わりしていた。それは新たに買い替えたものではなくて、生地を張り替えた2代目のカバー。赤からベージュへとチェンジしたその顛末には、やっぱり猫たちの物語が盛りだくさんだった。

はじまりの赤カバー時代は、15年ほどと長い。前述した通り、シャインズた

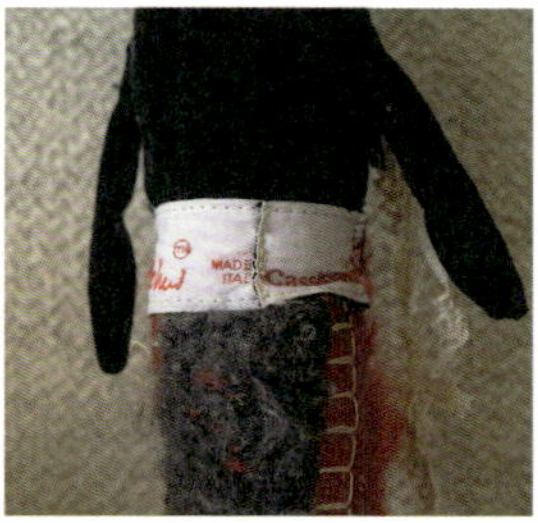

ちのお気に入りゆえに猫たちの爪あとも激しく、2度に渡ってダーニング（手縫い）が施されてきた。

繕いを手がけたのはテキスタイルデザイナーで、ダーニングで活躍する野口光さん。石井さんとは幼なじみで、お互いのセンスに信頼を寄せる間柄である。「1度目はカバーと同系色の赤い糸でなじませるように。2度目は光ちゃんの自由にしてもらってカラフルな配色に。縫い具合も含めて、いい感じだなと気に入ってました」。

さりながら猫たちの愛あふれる爪とぎはさらに激しさを増し、「いい感じ」の域を超えそうに。「このままだと一生ダーニング?! 3ケ月に1回はやることになりそうだから（苦笑）。もう張り替えをしようと決めたんです」。

すてきと感心したのは、思い出深いカバーを活かすアイデア。石井さんがデザインを描き、裏地やダーニングの断片も使い、縫いもの上手な知人の手を借り、世にひとつの「黒猫ぬいぐるみ」にリメイクされた。して、猫たちは古なじみの赤カバーの面影を感じてるようで？と問うと、石井さんはくすりと笑う。「どうでしょうね。でもときどきシャインズから激しく猫キックされてますよ」。きっとそれもロックな愛し方。愛しきものは形を変えて、絆をふとく結んでいく。

右頁｜同系色の赤糸、ウールやモヘアを使ったニュアンスのあるダーニング。
上｜上半身はソファの裏地、ベルトにシリアルナンバーのタグ、足は表地。

都心の瀟洒なビンテージマンション。神奈川の小さな海辺の街から東京へ引っ越したのは２０１８年。一年間の賃貸マンションを経由して、現在の家へ暮らしを移したのは２０１９年のこと。どこに引っ越すときも、家選びの不文律は「窓からの緑の風景、そして３匹の猫と暮らせること」。視界のどこかで3匹の猫が動いている生活こそが、石井さんの心を満たしてくれるのだ。

ひと息つくときは、仕事デスクのすぐ後ろにあるユトレヒトへと身を移す。「ほんの数歩の距離でも、座る場所を変えると、目に映る景色が変わり、気分転換ができるんです」。愛猫を膝にもの思いにひたったり、読書をしたりと、居心地のいい椅子というのは、小さな旅のようなひとときを与えてくれる。

2代目カバーになったソファは、あざやかな赤から穏やかなベージュになって表情ががらりと一変。色の効果は絶大で、部屋の景色がやさしくなり、新鮮に感じられるという。ただひとつ、痛恨はふわふわの起毛素材。前のフェルトよりも猫爪が引っかかりやすく、シャインズへ深い磁力を発してしまっているとか。

「ほんと、毎日やられていますね。布をかけて防戦をしてみたけれど、3匹とも容赦なくって……。自分の好みを優先していたら、〝猫たちの好み〟の配慮が抜けていました。革製の椅子は猫が爪を研ぎにくいと聞くから、次は革にしようかな」。うむむ困ったと笑う石井さんだが、逆にこんな機に、生地を替えながら長くつきあう策を授けてくれたのもシャインズのお導きと、楽しむ向きもありそう（経費はかさむケド）。

若い頃に勇気をふりしぼって手に入れた憧れのユトレヒトと20数年。愛猫と幾編もエピソードを重ね、特別さにおいて魅力を刻んできた。きっと次の世代に渡すときには、「わが家の宝もの」と長く大事にされる椅子になるのだろう。

そして取材の後日譚。現在3代目ホワイトベージュレザーの時代に入ったそう。今度は安穏だろうか。猫とユトレヒトの物語、まだまだ続きます。

いしい・かなえ◉石井佳苗
「カッシーナ・イクスシー」勤務後、独立。ブレのない審美眼に基づいた、インテリアへの提案で人気を集める。

Story 09

Yasuyo Hashimoto

# 橋本靖代さん ［服飾デザイナー］

# 糸好きのダーニングサンプラー。

大人の繕いものは、シミったれてはいけない。

「リネンのキッチンクロスの丸。刺子用の細糸を使ったダーニングですが、これは輪郭がきれいに仕上がってます。こういうふうにありたいんです」。すなわち、カジュアルなかに、どこかキリッとした端正さを宿す。橋本さんのダーニングには、これまで培ってきたおしゃれのものさしが通底している。

ダーニングとは、穴あきやすり切れた衣を修繕する針仕事のこと。目下ひそかなブームだが、その少し前から橋本さんのダーニング歴がはじまる。日々の息抜きとして、好奇心をそそられてはじめたそう。つまり手編み作業の疲れを手縫いで癒すことで、糸好きの具合を推して知るべし。

参考にしたのは、もっぱらSNSでみつけた海外アンティークのダーニング写真。繕い方や、糸の組みあわせなど、みて学び、試し、自己流で身につけたという。

「暇ひまに手を動かしてやっています。でも暇がないときも、ふと足もとをみて靴下が薄くなっているとやってしまう（笑）。これも性（サガ）なんでしょうね」。

愛着のあるものを少しでも長く使いたいから。ちょっとの傷みで処分するのはもったいないから――。

ダーニングをするそんな大多数のきっかけに対し、橋本さんのアプローチはやや異なっていた。

「自分のためというよりは、親しい人に頼まれたときに、きれいに仕上げてあげられたら嬉しいから。だから練習するんです。上手になるには、やっぱり練習が必要。そんなふうで、うちに残してるダーニングは習作であり、記録としてのものです」。

その昔、ヨーロッパの家庭では刺繍を学び、図案や配色を後日の参考にするためにつくられた「サンプラー」というものがあった。橋本さんが手持ちの傷んだソックスやニットを繕ってきたのも、もっぱらサンプラー的な存在という。ひそかに練習を積んで、友人たちのお気に入りショールやセーターが穴あきの憂き目にあえば、ダーニングですてきに仕上げて救う。粋なふるまいって、こういうことなんだろう。

お試しで繕いのやり方をみせてもらった。穴の部分にタテ糸をかけてヨコ糸の糸目を拾い、線が面をつくっていく。ひと針進むごと、指先の動きがなめらかになり、雑音が消え、穴があったところに四角いモチーフが生まれた。

橋本さんの繕いの魅力は、グラフィカルな構成の妙。生地にあわせた糸選びは綿糸や麻糸、細い毛糸と様々に。配色も同系色でなじませたりカラフルにしたり、何度も何度も試しながら自分の納得のいくバランスをみいだしてきたそう。

編みもの巧者でセンスのいい人だから、しごく簡単にできてしまうのだろうと思われがちだが、橋本さんのサンプラーづくりには、コツコツとした手の時間があり、センスのよさとは、習練と工夫をおもしろがる才なのだとも思える。

初心者が「つくりやすい」コツを3つばかり教わった。

その1、できるだけ穴があく前の薄くなったところでやること。その2、どんな糸色にしていいか迷うならば、配色は好みの事例をまねてみるのも一案。その3、使う道具は、適当な容器にひとまとめに収めておくこと。

「道具が近くにあれば、やりたいときにすぐ手をつけられます。気分がのらないときは、あまりいいものができないから無理にやらないほうがいいんです」。

最後に、繕ったソックスの処遇について。橋本さんが身につけるのは基本的に家の内のみで、お出かけアイテムには決してならない分野のものという。

「でもルックスがかわいくなること前提で繕っていて。収集はしないけど、たくさん集まってくると手放しがたくもあり……。矛盾ですね」と苦笑いする。

自分のスタイルをたぐりよせたサンプラーは、やはりかわいい「財」なのだ。

はしもと・やすよ◉橋本靖代
「マーガレット・ハウエル」退職後、独立し「n100」にて活動。2018年から自身のブランド「eleven 2nd」をスタート。ほぼ毎日編み針を手にするニット好きでもある。

Story 10

Masato Iyoku

# 伊能正人さん

［インテリアデザイナー］

## 繕いデニムのゆるぎないスタイル。

愛着のあるボロを探していると水を向けると、「ビンテージなら40、50本はありますよ」と穏やかに応える伊能さん。半世紀近く、くり返し繕いはいてきたジーンズは、穴を塞いだ直しの糸跡ったら、惚れぼれするほどかっこいい。

デニムに目覚めたのは中学生の頃。デニムスーツで結婚式をした樹木希林と内田裕也の姿に「こんなオシャレがあるのか」と感激。1970年代前半、アメリカ発のデニム流行は感度のいい人たちに限り、巷はアイビー全盛期。伊能さんは「外ではアイビー、家ではジーンズ」と着分けつつも、デニム熱を高めていたそう。

「ダメージデニムなんてない時代。だから新品を漂白剤で色落ちさせたり切り刻み、母親のミシンで継いで、加工をいろいろ試してました」。自分の「好き」探究に、デニムは最高の教材だ。

## ―――― 冬支度、ミシンかけて繕って

夏が終わり秋風を感じはじめたら、伊能さんには大切な冬支度がある。冬に向け、20本ほどのデニムをまとめて補修するのだ。

「前年にはきこんでいたものがすり切れているから。そのままだと穴から風が入りこんで、けっこう寒いんですよ」。そういって長年の相棒であるスイス製のクラフトミシンの前に正座する伊能さん。都心のおしゃれ空間で、昔のお母さんたちのごとく繕う姿が、なんとも微笑ましく思える。

ほころびがひどい膝やポケットの端などは、裏から肌ざわりのいい薄布を裏打ちをして、ミシンでジグザグと丁寧に補強。表には小さな布片のアップリケや、同系色糸で刺繍したステッチ模様が微細に施されている。

「繕いも刺繍も、技法を知らないからみようみまね。糸で絵を描くような要領で糸を刺してます」という。とくに刺繍は、仕事が減って気分が塞がったコロナ禍の期間、手を動かそうと挑戦してみたら、思いのほか楽しかったとも。糸の手仕事には、どこか解毒作業のようなものがある気がする。

繕いを続けても、すり切れがひどくなったりサイズがあわなくなるなど、ふだんにはけなくなったジーンズがでてくる。けれど着倒してくったりやわらかく育ったデニムは身内のような存在。どうしても手放せない。そんな生地でリメイクしたのが、愛犬のためのクッション。肌触りよく、亡き愛犬のお気に入りだったデニムクッションは、そばにあるだけで心やすらぐものになった。

直しの時代性やセンスのよしあしについて、深く学んだのは、美大卒業後に長く勤めた「サザビー」での仕事。ヨーロッパのアンティーク家具に触れ、修復を手がけてきた経験は、すこぶる大きいという。

時代を経た古道具たちからうかがえる、昔の職人たちの手技。かっちり直しすぎない、いまに「なじむ」リペアの塩梅を、数多く手に触れて、その勘所を得てきた。

古いものをみる目を鍛えてきた伊能さんは、新しいものを購入する際にも「使い古して穴があいたとしても、持ち続けるほど好きか」を思案して選ぶという。

「基本として新品のものを買ってそのまま使うのが好きじゃないんですよ。服やインテリア、自転車やバイクも、若い頃から自分の好みに寄せて、カスタマイズをしてきてましたから」。たまに新品のジャケットを着ていても「いい古着を着ているね」なんていわれてたと笑う。工夫をして試行錯誤して、自分らしく手を入れるからこそ、ものの内に自分らしい気配がはぐくまれると知っている人なのだ。

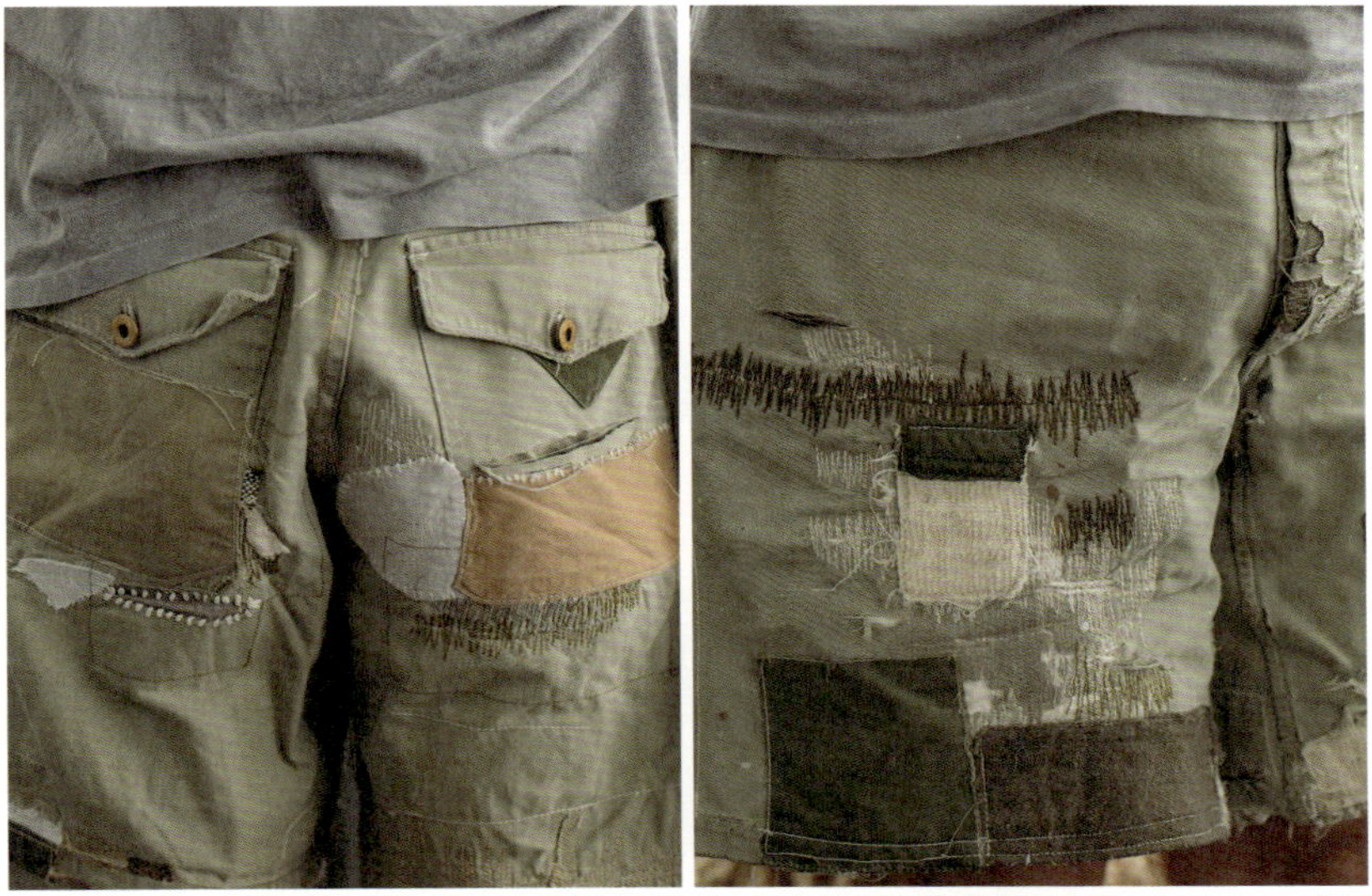

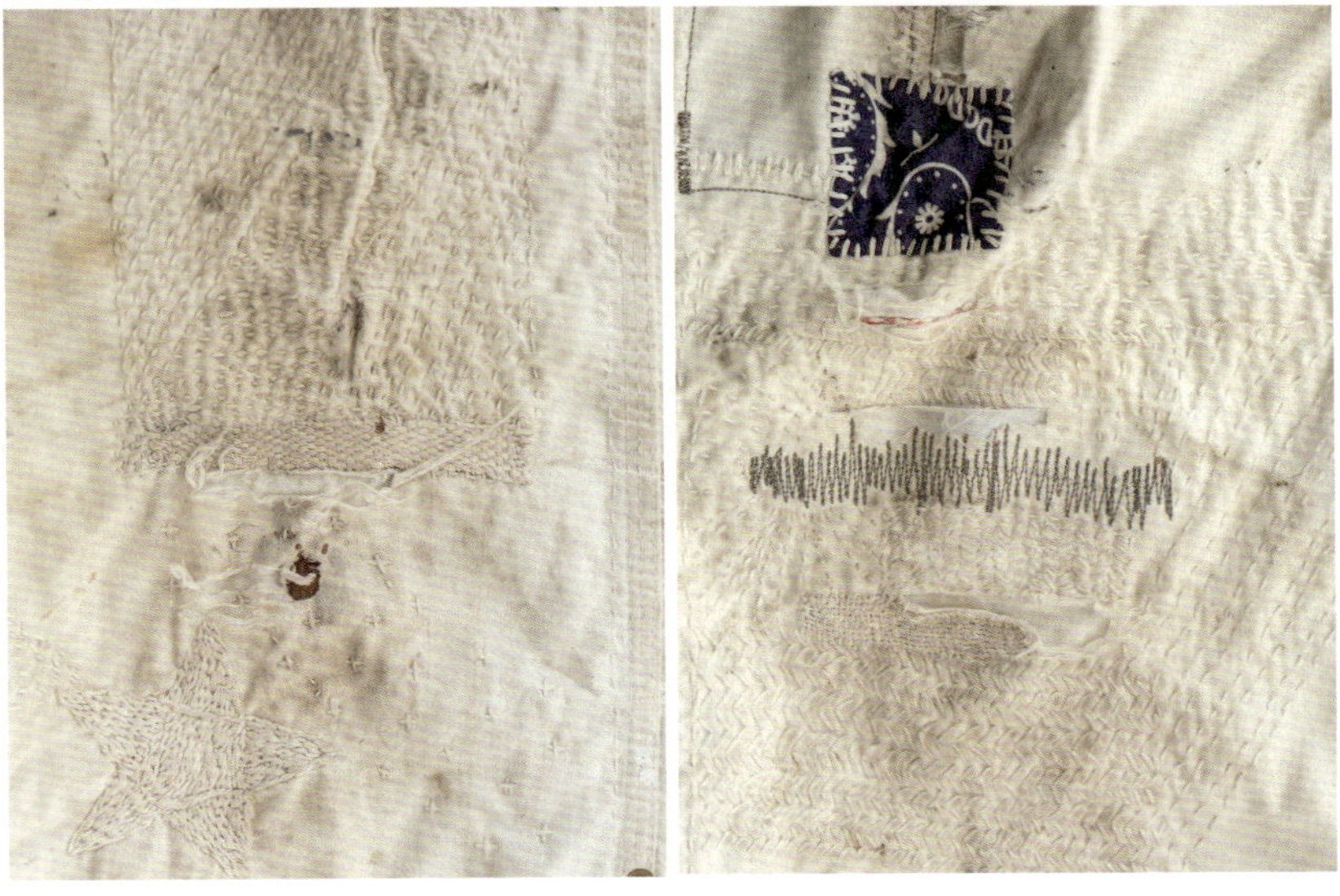

上｜繕いをくり返すショートパンツ。ポケットやお尻の傷み補修がデザインに。
下｜ホワイトジーンズに白糸で点々や星の形を刺し、小裂のあしらいも洒落ている。

## 着るものは生き方

震災の年に独立し、現在はインテリアデザインを中心に制作、修復も行なっている。ともにものづくり好きであるパートナー・橋本靖代さん（126頁）と、職住を兼ねた拠点としているのは、都心のビンテージマンション。部屋に足を踏み入れると、玄関横にあるアトリエスペースに、まずひとつ驚く。ネジ類や工具、ホイールなど、インダストリアルなパーツがひしめきあい、「ものづくり基地」の趣だ。

洋服のダーニングのほかに、テーブルや収納をつくったり、家電製品のメンテナンスまでジャンルの垣根なく、生活のなかのあちこちに、手を動かす喜びの種が潜んでいる。器用な彼を、家人は「一家にひとりいると助かるひと」というが、心地のよい暮らしの景色をみれば、すんなり腑に落ちる。

「いろいろスキルを持ってるほうが、自分のやりたいことのプラスになってくるでしょう。きっとね」と笑みをこぼす。知人から舞いこむ「これ直せない？」案件も多く、取材のときは、友人のバイク修理にかかっていた最中だった。

フットワーク軽く動く伊能さんは、Tシャツに、白糸でダーニングされたホワイトデニムのオーバーオールという佇まい。「ファッションは色あせるけれど、スタイルは永遠」とは、イヴ・サンローランの言。ものづくりが生き方の軸にある伊能さんにとって、体が動きやすくて丈夫で、性質的にも気どらずにいられるデニムこそが、スタイル。長くつきあったデニムは、自分らしい人生をおくってきた証でもある。

ワードローブにどんな服があるだろうか？ 何度も繕ってでも着続けたい服たちが、わたしらしさを教えてくれそうだ。

いよく・まさと◉伊能正人

「サザビー」を経て2011年独立。家具修復、空間提案など幅広く手がける。現在、都心に加え2拠点生活中で、栃木・那須の建屋を修復中。

Story 11

Kengo Tarumi

# 垂見健吾さん［南方写真師］

# 愛車の最後に恐竜アートを贈る。

黒い車のボディいっぱいに描かれた恐竜は、いまにも走りだしそうな勢いだ。それはメーカーの限定仕様車ではなく、5年ほど前にカスタムオーダーされた世界に一台だけの「恐竜ベンツ」。迫力があるなあと見惚れていたら、「最高で、最強やっさあ、ね?」と、くりくりと瞳を輝かせて、破顔する。キャラ豊かな車の持ち主、「タルケンおじぃ」こと垂見さんの登場だ。

沖縄の島々や人々を撮り続けて50年ほど。「そのうちの30年近く、この車と仲良くすごしてきたからねー」とほくそ笑む。わたしも仕事で幾度となくお世話になった車だが、座面のすみっこに貝殻や珊瑚のかけらが散らばっていたり、あるときは農村でもらったシークワーサーがごろっと転がっていたり、車中にはいつも南島のエナジーがひたひたと流れていた。

「だっからよぉ~。(吉本)ばなながが、ヤドカリが乗ってるって大喜びしたこともあったわけさ。わははは」。そんなふうに取材で同行した作家との逸話も数々。「おじぃの部屋」的なこの車が、旅に特別な色を添えてくれていた。

しかしながら、人も車も経年問題がやってくる。

「俺もガタがきていて、だからお互い修理をしながらなんだけど。でも、だんだんと元気がなくなっていくのも寂しいし、この車の晩年になにか華を持たせてあげたいなと」。

そんな相棒への愛ゆえに、あるとき「下田くんに恐竜を描いてもらう！」アイデアが降臨したのだった。

「下田昌克くんとは親子くらい年が離れているけれど学校の後輩で、僕の大好きなアーティスト。彼が東京のパルコで恐竜をモチーフにした作品展をして、ものすごくおもしろくって。それで沖縄に誘致して2017年に展覧会を開いてもらったんだけど、その期間中に思いついたんだよね」。

ちなみに下田さんの恐竜は、2018年の「コム デ ギャルソン・オム プリュス」のパリコレに起用され、一躍有名になった。そんな傑出した表現者は、底抜けのおもしろがり屋でもあるのだ。

デザイン画を下田さんが担当し、塗りは専門業者に頼んだのだろうと思いきや、なんと直描き。画材にした車用塗料（車のこすり傷などを上塗りする塗料）は、こだわりの塗料屋で選んだもの。筆をとる下田さんは下絵なしで、熱中して4日ほどで、車体のフロントから、横、後ろに、ティラノザウルスやステゴザウルスを産み落としたそう。

上｜恐竜のいる宇宙。エンブレムの抜け穴から星々が煌めく。
下｜走行中は側面の恐竜がより躍動し、子どもらの歓声が湧く。

「もう全部に恐竜がいてほしいからさあ、窓ガラスにも描いてっていったんだけど、車検が通らなくなるから、そこは断念（苦笑）。でもほら、ここ、エンブレムが折れたところの穴も、アートになってるでしょう」。

ひゃ、あのマークがぽっきり抜けている！　あらわになった傷跡に描かれたのは、恐竜の口から飛びだす星々。最強のアートをまとった車は、女神のごとく煌めいてみえた。

たるみ・けんご◉垂見健吾
沖縄を拠点に日本、世界各地を歩く写真家。池澤夏樹、椎名誠ら、作家との共著も多く、沖縄の島々の風景や人々を記録し続けている。

Story 12

Masakatsu Shimoda

# 下田昌克さん

［画家・アーティスト］

# エンブレムをパワーペンダントに。

前出、沖縄で聞いた垂見さんの恐竜ベンツには、余録のオツなボロエピソードがある。その在りかは、東京都心にあるアトリエ。恐竜ベンツを描いた下田さんの胸もとで、かの車のエンブレムがシブく光ってぶら下がっていた。

車に絵を描いているとき、(すでに)折れていたエンブレムを「これくださーい」と、軽やかにもらい受けた下田さん。たまたま持っていた新品の靴紐に通して首にかけてみたら「どこにもないペンダント」が爆誕したという。

「ピースマークみたいで、これ、身につけるとなんかパワーがでるんですよ」と下田さん。「それに、ちょっとワルになった感じもしていいんだよね」と少年のように笑う。

撮影の興がのってくると下田さんは、胸のペンダントにあわせて、頭に自作の冠をのっけてくれた。王様だ、かっこいいーなあ。カメラを向けるショージさんがうなると、でしょうでしょう、とにんまりとする。

秘密基地のようなアトリエの棚には、古いおもちゃや本が所狭しと並び、大きなテーブルにはミシンがおかれ、天井からは恐竜の骨をかたどったアートピースがぶら下がっていた。子どもの頃にあった心の奥の純粋な部分がくすぐられる、下田さんの恐竜の世界。その創作のはじまり、それは恋に落ちるように電撃的だったという。

「もともと子どもの頃から、恐竜が大好きでした。制作のきっかけになったのは、２０１１

年に上野の国立科学博物館でやってた、恐竜博。恐竜の骨格標本をみて、それがすごく、かっこよかったんです」。胸とどろかせた下田さんは、帰りにミュージアムショップで恐竜グッズを買おうと立ち寄った。ところがほしいものがまったくなく。それで家に戻るやすぐに、心に焼きついた恐竜たちの骨を、絵を描くために持っていたキャンバス地で形にしてみる。自分の頭にあわせてツノやアゴをつくって布を繋げていくと、恐竜のかぶりものが出来あがっていたそう。

「それを自分で頭にかぶってみたら、あ、これ、変身だ！って思ったんですよ」。そこからずっと、おもしろがってつくり続けているという下田さん。憧れを手に入れる、変身。心が動くものと真摯に向きあえば、ときめきは無限なのだ。

しもだ・まさかつ◉下田昌克

プライベートワークではじまったハンドメイドの恐竜作品は多方面から注目。詩人・谷川俊太郎、写真家・藤代冥砂などと恐竜世界を広げている。

Story 13

Jens Jensen

# イェンス・イェンセンさん

［著述家　編集者］

# 家族の思い出をのせるDIYバン。

デンマーク育ちのイェンスさんにとって、ＤＩＹは暮らしの肝になるもの。鎌倉にある自宅は、築50年ほどの日本家屋の内装を時間をかけて好みにつくり変えた。家を整えたのち、中古車を改装してほうぼうへ旅をしている。

「子どもの頃の長い休暇には、アウトドア好きの両親がキャンピングカーでヨーロッパをあちこちめぐる家族旅行をして、すごく楽しかった思い出があったんだ。これから成長する息子たちとそんな旅をしたいと思っていたし、タイニーハウスにも興味があったからね」。

旅車に選んだのはマツダ「ボンゴブローニイ」という中古のバン。この車種は後輪が小さいから、車内後方のスペースロスが少ないという利点があるそう。なによりも緑に映えるビスケット色が、北欧らしいセンスですてきだなあといえば、塗装は息子と手彩色したんだよ、と嬉しそうに教えてくれる。

そもそも、新しいキャンピングカーがほしいと思わなかった？と訊ねれば、ゼーンゼンっ！と即答で、片眉をあげて笑うイェンスさん。

「だって、つくるのが楽しいからやってることだし。家も車も、古いものを手当てすることに、楽しみがあるんだよ」。

## 寝て食べて、ごきげんなタイニーカー

扉のなかをのぞくと、板張りの天井と床、ナチュラルなファブリックと灯り。車内というよりスモールルームの趣で、ここなら何日だって心地よく住めそうだね、というと、「大人3人と犬1匹までは、快適に寝れてるよ」とイェンスさんが頼もしく請けあう。

DIYのポイントは、最も長くすごすベッドスペース。IKEAのマットレスを4等分にカットしたソファは、テーブルを取り外してフラットに並べると、なんとベッドにチェンジ！

キッチンブースは狭いけれど、料理上手のイェンスさんらしく工夫満載。テーブルトップのコンロと洗面台があり、車内で調理ができる。水は20ℓのタンク1個、ルーフトップに備えたソーラーパネルで12Vのバッテリーをチャージし、給水・電気も十分にまかなえるそう。

ひとつ手直しをしたのは、キッチンの有孔ボードのあき部分に網を取りつけたこと。運転中に息子たちが助手席に座ると、ひとりぼっちで後ろにのることになる愛犬・バディー。

「寂しくて寂しくて、ボードを壊して前に乗りこんできたんだよね」。思い出して苦笑するイエンスさんに、バディーが尻尾をふる。

バンライフは早5年ほど。息子たちと神奈川から九州・宮崎の友人を訪ねてロングトラベルしたり。川そばでキャンプしながら、テントサウナして川に飛びこんだり。近くの森で友だちと焚き火しながら麻雀したり。楽しみ方は幾通りもあるという。

「いつまでのるって? たくさん思い出ができて愛情が生まれてきているからね。もう、死ぬまでのろうかなって（笑）」。

上｜朝食を豊かにする鉄フライパンとコーヒーミル。
下｜工具箱には北欧製のナイフと斧と、助手席のバディー。

車旅の友、マストは70年代のイタリア製コーヒーミル、20年以上使ってる百均の鉄フライパン。それに子ども時代からの斧とナイフ、もちろん愛犬バディー！

「フライパンは初来日のときに買って。あの当時の百円ショップは取っ手も木製でデザインもいい。薄すぎずに厚みがいい感じで、これ、ほんとにいいフライパンなんだよ」。

斧は10歳の誕生日の贈りもので、兄弟3人ともにマイ斧を持っているそう。

「DIYがクールっていうのは国というより好み。お父さんもお母さんも手づくりが好きで、ものを大切にする人たち。うちは田舎で買いものが不便だったこともあるけど、簡単にはものを捨てない家で育ったしね。日本だって昔はものを大事にする時代があったし、古いもののほうが材料がいいものが多かったと思うんだよね」。

どんなものを大切に思っているか。旅のものたちが教えてくれる。

---

イェンス・イェンセン◉Jens Jensen
2002年に来日。デンマーク大使館に勤務後、本の執筆、料理研究、建築、ライフスタイル提案など、型にはまらず精力的に活動中。現在は妻と息子、愛犬と鎌倉暮らし。

Story 14

Yukiko Kuroda

# 黒田雪子さん

［金継師］

## 心の薔薇になる器直し。

茶棚の戸を引くと、大鉢から猪口などが風情ある佇まいで収まっている。金継師・黒田雪子さんが慈しんでいる器たちをみせてもらった。なかでも特別と、棚奥からだした小皿が3枚。「初心の、あのワクワクする感じを忘れないための大事な皿です」と雪子さんは目を細める。

これは懇意の陶芸家から窯傷が入った器は廃棄物になると聞き、じゃあ欠けた器を継いでみようと挑戦したもの。黒皿、白皿に施された、継ぎの線と色のデザインの妙たるや。それは欠けて足りない部分に、他素材で補修して形をつくる「呼び継ぎ」という古典的技法でのお直し。モダンでかっこいい甦りの魔法のように。伝統の修理に練りこまれた、いまらしいエッセンス。かつてグラフィックデザイナーだった雪子さんは、どのように金継世界へ魅せられたのだろう。

金継ぎは、漆という樹液を用いて修理をする日本ならではの「お直し」の手法。このところは習う人も増え、少しブームめいた様相だけど、雪子さんが生業にした18年ほど前は、まだまだめずらしかったそう。

「わたしも、最初は気に入っていた器が壊れて、直しにだそうとお願いしたんです。そうしたら見積もりまでに半年待ってといわれて。その頃の自分は仕事にあくせくと追いたてられていたから余計に、流れる時間があまりに違うことに、そういう世界なんだな、と興味が湧いてきたんです」。

強く心惹かれたのは、「ちょうど昔ながらの日本文化ハマり中」で、その渦中での出会いだったことが作用している。

ことのはじまりは、「梅干し」である。あるとき庭持ちの大家さんから、お裾わけに梅の実をもらった雪子さん。図書館で借りた本をみながら、生まれてはじめての梅干しづくりに挑んだそう。梅を塩で漬けて寝かせ、天日に干す。ごくシンプルな季節の保存食づくりが、やってみると知識でなく体感でもってワクワクする発見があり、雪子さんのセンス・オブ・ワンダーの回路がどっと開いた。

「知らずに梅をアルミの鍋で漬けてしまってたんです。そうしたら鍋がボコボコになって。梅の酸のせいなんだけど、その威力のすごさったら！」。

それから、土用の丑の日の前後に梅を干すのは、その頃の陽ざしが一番強いから、とか。暮らしは太陽の動きとともにあることに、目から鱗がボロボロ落ちていく。若い頃のデザイナー稼業で西洋美に傾倒してきたぶん、外国人感覚のカルチャーショック。気候風土に根づいた、昔の人たちの知恵と工夫に魅せられたのだと。金継ぎも、しかり。木の樹液である漆が、塗料になり接着剤となることも知っていても、実際にやってみたら本当にくっつくんだと驚き、もっと知りたいと好奇心があふれてきた。

現代の金継ぎにはいろんな手法があるけれど、雪子さんは、昔ながらのやり方で、季節の温度や湿度にしたがってきたそう。

「たとえば塗りを乾かす工程には、〝待つ〟時間があって、自分が漆を塗ったあとに、漆が働いてくれているようで、なにか共同作業のようだと。そう感じることが、とても美しいなと思うんです」。急がない、焦らない。自然の流れの一部になって、傷ついた器たちの再生に手をつくし心をこめる。

「それに作業をしていると、静寂が訪れる、その時間がとても好きなんです。器を直す人であり、自分を直しているような。整う時間でもある気がするんですよ」。直すことで、治される。アトリエの作業着が、白衣である理由にたどりついた気がする。

右頁｜古家の居間がアトリエ。神棚そばに仕事着の白衣がかかる。
上｜窓を大きく改装した台所は折々の眺めが心地いい。自然に近く暮らす。

東京から千葉・房総へ移住して5年目。取材の半月ほど前に、この旧農家に白猫2匹の姉弟と引っ越してきたばかりだそう。

板の間の台所で、おしゃべりをしながら、昼食にする押し寿司や旬菜の盛りつけを算段する。ふだんづかいのものだけど、と雪子さんが差しだしたのは、継ぎのある古手の器。なんだか懐っこさがあるなあ、というとそうそうと頷いて、「もともとの直しの箇所があって、ちょっと下手くそなかわいらしさが好ましくってね」と微笑む。金継ぎらしい、金粉でキリッと美しく化粧したものとはまた違って、銀や錫で繕われた藍のフランスの深鉢やデルフトの皿たちは、どこか牧歌的。手にすると心がゆるむ朗らかさがある。

日常のいい景色といえば、流し場でふと目についた、きれいに洗って干してあるアルミホイル。「焼き芋をしたから」とはにかむ。アルミホイルやビニール袋は一度で捨てず、洗ってまた使い、使い切ってから処分するのだそう。

「それは母のやり方で。ものを大切にする節約術とかを厳しく躾けられたわけではないけど、子猫が母猫の習性にならうみたいに染みついちゃったの」。母ゆずりの「もったいない」癖。わたしにかけられたこの魔法を誰か解いてくれないかしら、とため息つきながらも愉快そうに笑う。

上｜自作の繕いはざっくりと。野菜を盛るイメージで景色をつくった器。
下｜フランスの古い器。自分で直す前提で割れたものを買った。

雪子さんの愛しのボロについて訊ねていると、少女の頃にデザインにときめいた資生堂のアメニティやコンパクトケース、それから最近実家じまいをして引き継いだ、お母さんのまな板や買いもののカゴへの愛着を話しくれた。

「古びているけど、母の買いもの姿や幼い自分が思い浮かんできて。そんなあたたかな気持ちになれるうちはそばで使うつもりです」と遠くの眩しいものをみるように目をすがめる。時間軸を飛ばし、小さな動作やしぐさが胸に蘇ってくる。家族から受け継いだ道具には、そんな記憶を呼び寄せる力があるものだ。

「それにわたし、薔薇がなくては暮らせないんですよ」。役に立たずとも「心がやすらぐ薔薇」のように。物質の所有ではなく、気持ちのエッセンスになるようなものと。

ものを直す仕事をする雪子さんは、「ものに宿る命」のようなものを、信じているという。それは人間と同等のものではないけれど、なにかしら、つくり手や持ち手のエネルギーが注入されて生みだされる雰囲気のような。

「壊れた器の命は、直す人の手にかかっています。わざわざ修理を願うほど大切だった器が、直したあとに気に入られなかったら、捨てられることになるかも。でも、もし美しい修理で生まれ変われば、人から人の手に渡って、次の時代まで大切にされるかもしれない。だから心に響くような修理をして、長く残される仕事をしよう。いつもそういう気概を持ってお直しに向きあっています」。

直した器が、誰かの心をうるおすように。掌にある愛情とエネルギーをたっぷりと捧げる、雪子さんは「薔薇」をはぐくむ人なのだ。

くろだ・ゆきこ◉黒田雪子
グラフィックデザインの仕事を経て2007年より金継師として活動。現在は修理としての金継ぎにとどまらない作品制作を中心に、国内外からの依頼を引き受けている。

Story 15

Kiko Nemoto

# 根本きこさん

［料理人、フードコーディネーター］

## 離れない離さない、花の皿。

強い執着があったわけではなく、幾度か別れる機会があったのに、なぜだかそばを離れない。ふしぎな縁で結ばれている存在、それがきこさんの百合の絵皿だ。

四半世紀ほど前、西安からシルクロードを1ヶ月ほどかけた旅でのこと。新疆ウイグルのカシュガルという街で立ち寄った骨董屋で、ひと目で気に入って買い求めたそう。

懐かしみのある百合の絵皿には、縦横に割れが入っているが、はじめは完品のアンティークで、料理やお菓子をのっけて食卓によく登場していたそう。それがあるとき大きく割れたため接着剤でくっつけ、金粉で化粧してリカバー。きこさん流のなんちゃって金継ぎを施していたが、さらに細かに割れたそう。

「こんなに割れちゃったから、何度か捨てようともしたんです。でもその度にゴミの分別が間違ってるとかで、なぜか戻ってきてしまうんですよ」。そうこうしているうちに別れそびれてしまったのが正直なところと、からりと笑う。

東日本大震災をきっかけに、きこさん一家は神奈川・逗子から沖縄本島へと大移動をした。その際に、持ちものは1／20に絞り、好きな器も雑貨も大量に手放したそう。

「さすがにこんなに割れてる皿は人にあげられないし、見捨てていくのは忍びないし。わたしが連れていくべきかなと」。ほかの誰かに理解してもらうかわいらしさは、もう必要ない。どこまでも一緒に、そんな気持ちが湧く瞬間が愛着のはじまり。

「ものは増やさないタイプ。歳を重ねて、買いもの欲が湧くのは本とワインくらい」ときっぱりいう、きこさん。衝動買いはほぼなく、とくに器に関しては合理性をもってほしかった形や料理にあわせ、必要を吟味して手にする。つねならば、だ。

「持ってる器は無地ばかりで、これは唯一無二の柄の皿。旅の途中で、割れものの器を持ち運ぶこともためらいなくほしくて。こんなにも可憐な百合にときめいたんですよね」。そのときのときめきをほんのり思い出したように、きこさんの声がぬくもる。

異国の荒地で花を摘むような心地で、手にした百合の皿。割れを継いでからは、アクセサリーや拾った貝殻をのせて、いまもそばにある。旅をともにした仲間のような皿は、傷跡さえもロマンティックな情景にみせてくれる。

ねもと・きこ◉根本きこ
2017年より、沖縄・今帰仁村でカフェ「波羅蜜（パラミツ）」を営む。

Story 16

Shouko Takada

# 高田聖子さん［女優］

# 身ひとつの上京物語を知る皿と。

「高価だとか作家ものとかでもないんですけど」。そういってみせてくれたのは、高田さんちで「雀ちゃんの皿」と呼ばれる、黒い継ぎの入った磁器の皿。

「今日もこれで、納豆をのっけたお蕎麦を食べました。ちょっと深みがあって、カレーもスープも、和食洋食、なんでもあうし、好きなんですよ、雀ちゃんの皿」。大きすぎず小さすぎず、使い勝手がよい日常器のひとつで、とりわけ素朴な絵柄の佇まいが気に入っているという。

まっぷたつに割れてしまったのは、3年ほど前のこと。

「洗ってたら、つるんと手が滑ってしまったんです……」と、大きな肩をちぢめてことわりを入れるのは、夫でアーティストの下田昌克さん（145頁）。

「それまでは特別に意識してなかったんですけど。割れてみると、やっぱりこのお皿は捨てられないなあと」手のなかの皿をやさしくみつめる高田さん。

皿との出会いは20数年前、演劇のために関西から上京したときのこと。

「身ひとつで、でてきたんです。ほんと、なーんにも持たずにやってきたんですよねえ」。話しながら自らの歩いた道を思い返し、軽やかに笑う。奈良生まれの関西育ちで、東京は未知。家族や友人とも離れてのひとり暮らしを、当時なにくれとなく世話をしてくれた人が「鍋釜はいるでしょう」と譲ってくれた日用品に、この雀ちゃんの皿があったそう。

役者稼業にとって体は資本で、それでなくても食べるのも料理するのも大好きという高田さん。ブログをのぞけば、旬を慈しむ家庭的な料理が楽しげに綴られている。好い日も悩んだ日もごはんを食べる。東京で孤軍奮闘してきた頃から、長きにわたって食卓をともにした雀ちゃんの皿は、ごはんだけでない、たくさんの想いも宿している。

割れの修理は金継専門の人に相談し、傷の大きさから金粉を使うと高価だし、器の雰囲気にもあいそうと黒漆で直すことに。1年近くかかって戻ってきた皿は、傷を直した部分が「ちょうどまんなかで、黒い電線みたいでいい景色」とポジティブに感じたそう。「この線が、雀たちがとまる電線みたいで、かわいらしいんだよね。まあ、割った僕がいうのもなんだけど」と笑いかける夫に、「そうだよ」とにっこりと返す。

割れてさらに愛される雀ちゃんの皿は、ひとりからふたりの器になったのだ。

たかだ・しょうこ◉高田聖子
奈良県生駒郡斑鳩町生まれ。大学時代に古田新太と出会い「劇団☆新感線」に参加して以降、舞台中心に活躍。1995年より自身のプロデュースユニット「月影十番勝負」「月影番外地」を主宰。

Story 17

Toshiko Sakata

# 坂田敏子さん
［テキスタイル・服デザイナー］

# 坂田和實が遺した素のぬくもり。

葡萄でもコーヒーでも、なにをのせても絵になる。割れものなのに、いいえ、だからこそ、かっこいい。しかもそれが仏前用というから、さすがのセンスだと唸った。

「お供えに縁の欠けた器なんて普通はダメでしょうけれど、それが坂田らしくていいでしょう」。ね、とひとつ頷く敏子さん。

2022年の晩秋、「古道具坂田」の店主・坂田和實さんが亡くなった。肩書きや知識で選ばれがちな骨董品が多いなか、日用に使われたガラクタと呼ばれるようなものたちに美しさを見出した先がけの人で、その選択眼と気どらない人柄に多くの心酔者がいる。

その坂田さんの仏前に敏子さんが選んだのは、食卓で愛用してきたデルフトの白磁皿と、陶芸家・武田武人さんのもので坂田さんのマイコップだったそう。

欠けた器はやはり特別ですか？とあえて訊ねてみた。

「陶のコップはもとはマグカップだったけれど、40年くらい毎日がんがん使って洗ってたら手が取れてしまって、縁もガタガタに。でもそういう割れたり欠けたりした器も案外使いやすいんです。それから背もたれがとれた椅子だって、うちでは普通に使っています。だから特別？ってあらためて聞かれるとかえって驚きですね」と、肩をすくめて笑う敏子さん。割れも欠けも、古きも新しきも線引きされない。坂田家は気心の知れた友のようなボロと暮らしてきたのだ。

スイッチをつけると、やさしい橙色の光がぽわんと点り、目をあたためる。

「わが家の大事なボロといえば、やっぱりこれ」と敏子さんが頷く。それは、細い針金でつくった骨枠に、雁皮紙（薄い和紙）をシェードに張りめぐらした、紙風船のようなライト。じつはこれ、坂田さんが手づくりしたものだという。

「そんなに器用でもなかったし、工作めいたものはやらない人だったから。これは、坂田和實がつくった唯一のものですよ」。

和室の低い位置に吊るしてあったために、家族はしょっちゅうこの灯りに頭をぶつけて破いていたそう。誰かが破損するたびに、坂田さんが手当てをしたそうで、穴を塞いだ紙がお札のように貼り重なっている。なんの作為もないその直しの跡はやさしく、気の抜けたいい表情をしている。

経年で薄茶色になった紙灯り。じっと眺めていると、灯りの角で頭を打っては外れた枠をはめ直す、そんな家族の姿が浮かんでくる。

同じ灯りが3つあり、現在そのうちのふたつが、千葉・房総半島に坂田さんが創設した小さな美術館「as it is」の和室に使われている。「as it is」の意は「ただ、あるがままに」。愛しのボロたちに捧げられた言葉だ。

坂田さんのコップを持つ敏子さんを撮影していると、「こんなに手が荒れちゃってー。ふたりで半分に分担していた家事が、いまは全部ひとり。これまでの2倍だからもうタイヘーン」と冗談まじりに寂しさを語る。さらっとした風が吹くような敏子さんとおしゃべりしていると、ありし日の坂田さんの素の姿が生き生きと浮かんでくる。

最初の出会いは、敏子さんが18歳のとき。大学の先輩だった坂田さんは、いつも刑事コロンボみたいな古びたコートを着ていて、風変わりだけど、すでに自分の好きな世界を持っていたそう。

家庭では、とてもラクな夫だったという。ごはんを食べたらさっと器を洗い、掃除もゴミ捨てもする。亭主関白が当たり前の昭和世代（しかも九州男児）ではめずらしく、夫婦が助けあうのは当然で、かつ互いに頼りすぎずに自立したほうがいいという、フラットな思考の持ち主だったという。

贅沢を好まず、家屋は家族3人が雨風をしのげる広さがあれば十分。洋服は同じものが2枚あればよくて、年中同じ格好をしていた。

「気に入った服でも靴でも自分の体の一部になじませて着こむことが好きで。ボロボロになるまで着続けて、シャツのどこかが破れたら自分で縫ってましたよ。いまどきの言葉でいえば〝ミニマムな暮らし〟の人でした」。

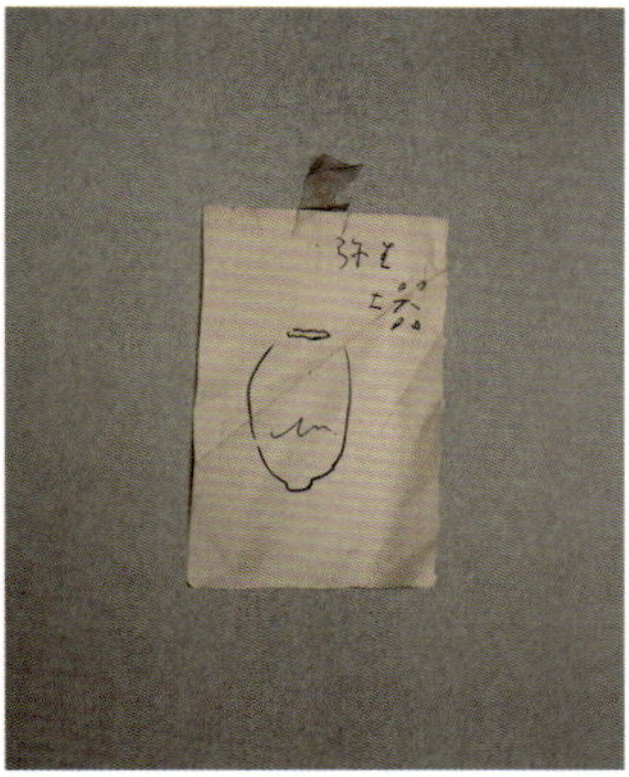

美を狙ったものや、完璧すぎるものはあわない性分で、たとえば土器に花を生けると決まりすぎるから、バケツにでも生けたほうがいいよ、というようなところも坂田好み。

完璧すぎないものをよしとするのは、敏子さんも同じ感性で。ただ、服づくりで色とりどりの残糸、残布のかわいさに目がとまると、捨てどきを逃しがちになると告白する。

「この糸くずでもなにかつくれるんじゃないかと思うと、もう捨てられない。わたしは捨てるのが、ほんとに苦手なんです」。

所有欲は薄く、なんでも思い切りよく処分できる坂田さん。対して、つくる楽しさがつきない敏子さんは、収納場という枠をもって、どうにか収めてきたと苦笑いする。夫婦の足し算引き算、ふしぎと帳尻があうものだ。

東京・目白の裏通りに佇む、木造の空間。撮影でうかがったのは元「古道具坂田」のスペース。坂田さんが亡くなって店を一旦閉じたあとに敏子さんは期間限定で借り受け、少し改装をして「坂田ハウス」として、生前交流のあった人々を迎える場にしつらえたそう。
若かりし頃は、この古屋の奥に家族で住まって、数年後、敏子さんがはじめた子ども服を最初においたのもこの店の片隅。老朽化のため数ヶ月後には取り壊しされる空間には、古壁にゆらぐ光、天井板の雨漏り跡、そこかしこに懐かしい気配が漂っている。
「ここの壁、いい味わいでしょう。ここだけ切りとっておきたいくらい」という敏子さん。壁の陽だまりのような淡いシミは、李朝の棚跡だと。こんなすてきな壁シミはそうはない。

部屋の隅には、くったり履きならされた坂田さんのシューズがあった。

病を得る前までは、年2回ほどのペースで、ヨーロッパへ仕入れの旅にでかけていたそう。歩くことが好きで足でものと出会うように、なんでもないものたちの片隅から、美しいものを掬いだしてきた坂田さん。100回目の記念すべき旅では敏子さんと一緒に。「そのあとすぐに、さらっと101回目の旅にひとりで行っちゃったんですよ」。最後まで足どり軽やかに、好きなものをみつめ続けた人の背中はいつまでも眩しい。

おしゃれ巧者な敏子さんが、たまに坂田さんのお古のズボンをはくのだと茶目っけたっぷりに笑う。まだまだ服づくりが楽しくて、今年もあちこちの街にでかけているともいう。坂田さんの旅のバトンを、引き継いだに違いない。

さかた・としこ◉坂田敏子
東京・目白、夫・坂田さんが営む「古道具坂田」にほど近い場で、40年以上続く洋装店「mon Sakata」主宰。暮らしと体に心地よい服づくりで、全国にファンがいる。

Story 18

Mika Munakata

# 宗像みかさん ［石窯天然酵母パン店主］

# パンのためのカゴと布の深み。

「ずっと使ってきたカゴが壊れてきてるけど、買えるところも修理する人もみつからなくって」といって眉を下げるみかさん。いまや日本中のパンマニアに愛されている沖縄「宗像堂」を夫の誉支夫さんと営んで20年余り。パンに欠かせない道具「カゴ危機」から話がはじまった。

「竹のほつれや破れを繕ってもみようとしたけれど、わたしの直しではすぐ壊れるもので」。情報通の友人知人に片っ端から聞きこみしても糸口を得られずどうしたもんかと困り果て、ダメもとでインスタにこんな一文をアップしてみた。

焼きあがってすぐのパンを載せるための竹カゴ。ちょうどよい！という宗像堂のパンにピッタリのものが買い足せなくて困っています。底が浅くて、密な網目、がっしり丈夫なもの探しております。情報求むー

それまで使ってきた大ぶりの丸カゴは、那覇の公設市場の荒物屋で少しずつ買い増してきたもの。おそらく農閑期のおじぃおばぁの副業で編まれていた民具。キッチンが現代的になり、畑の収穫や食材をのせて保存食に使う人も減り、ここ数年で市場のカゴが姿を消していったそう。使い手がいなくなれば日用のものはあっけなく消えてしまう。

「梅干しを干す、薄っぺらいカゴはあるんです。でも何度か試したんですけどやわらかすぎて宗像堂のパンには適さない。うちのパン、ずっしり重いんです」。

愛用のカゴは、通気性がよく強度があり、それに縁に少し高さがある編み方で、やや深みがある。持ち重りのするパンを並べてもしっかり運べ、すこぶる安定。浅すぎるとパンの重みで運びづらいし、深すぎるとパンがころころ転がって遊んでしまう。たかがカゴ、されどカゴなのだ。

さて、窮した末にSNSで発した「カゴ情報求むー」の反響はというと、「コメント欄に何十件と届いて。九州や高知、長野の竹細工の職人のこと、各地の竹カゴ専門店のこととか。みなさん、やさしくって……」。多くの文面から自分ごととして心配する気持ちがにじんで、読みながら胸がいっぱいになったという。そのうえで、あらためてカゴ選定の優先順位を深く考えてみた。

「パンって暮らしのもの。だからそのパンづくりの道具として、高価な工芸品のカゴを買い求めたり、遠い土地からわざわざ取り寄せるのって、なにか違うかなと。なるべく身近なところから手配できれば」。

幸いにして、沖縄本島北部・やんばるの村にいる、竹細工職人の存在を教えてくれる女性と繋がった。その熟練職人は当時89歳になるおじぃ。コロナ禍中のことで、直接会いには行くことはできなかったが、情報をくれた女性を交えてご縁が結ばれ、カゴの補修を少しずつ受けてもらえることになった。

「それでもカゴ不足への危機感は、いつも心のすみっこにあって。出先では目の端で探してるんです。この前も配達帰りに、那覇のアンティーク屋さんで古カゴをゲットしました」。

カゴの働き場は外人住宅を改装した店と、裏手に建つ石窯のパン焼き小屋。ここにはおもしろい縁がいくつも重なって生まれた景色がそこかしこに登場する。店のロゴを描いたのはミナ ペルホネンの皆川明さん、改装の手助けはアーティストの豊嶋秀樹さん、ドアに絵を添えたのは画家の黒田征太郎さん。

「いろんな人が集まる磁場が、ここには確かにあって。健やかにのびやかに、本来の自分に戻る、そんな心地よさがあるんですね」。

――― パンは生きる糧、その命を運ぶカゴ

ふいに目が釘づけになったのは窯の裏手の洗濯もの。グレーのテーブルマットのような布が干され、背景のクワズイモの緑葉が風になびく。その光景がすてきなのだ。

「かっこいいよね。パンの発酵で、生地を寝かせるときに使う布で、灰色になるのは石窯の煤で、まだら模様は生地の脂分や微生物が混ざってるからかな」。しかもパン布には、「宗像堂のはじまり」が紐づいているという。

20数年前のこと。誉支夫さんが大学で微生物の研究職を辞めたのち、パンの世界に入るきっかけとなった、「おばぁの酵母」がある。いまも宗像堂では、おばぁからもらったものを（老舗鰻屋のタレのごとく）、かけ継ぎしてきた天然酵母で生地をこねている。その酵母のおばぁが、「あんたたち、パンづくりには布がいるよ」と、

## 薪と酵母が醸しだすパン布

宗像さん夫婦に授けてくれたのが大量の木綿だったそう。

「おばぁの旦那さんが寝具屋さんだったので、在庫の枕用の木綿生地をね。酵母をもらって、布をもらって。すべては、おばぁからはじまってるんですよ」。そうやって原点に還れるものがある幸せ。自分たちの可能性を信じてくれた人から授けられた豊かさ。夫婦が積み重ねた営みが、パン布の愛おしい模様に映されているような気がする。おばぁの布はストックが底をつき、現在のパン布はキャンパス生地を同じ仕様で踏襲。用を終えたパン布は「いる人〜？」っていえばすぐもらわれる」隠れた人気ものだそう。おいしいパンの寝床だった布の楽しげな余生を想像して、ほかほかとした気持ちになる。

むなかた・みか◉宗像みか

微生物研究職から陶工を経てパン焼き人となった夫とともに石窯焼きのパン屋「宗像堂」を開く。パンと酵母、人を繋げるエネルギーの集まる場としての営みを支える。

Story 19

Satoshi Shiomi

# 塩見聡史さん ［薪窯パン職人］

# 原点に還る、エプロン締めて。

「わたしも宗像堂の古いパン布をもらって、エプロンをつくったんですよ」とさらりと告げられたのは、まな板の取材でうかがった関根麻子さん（188頁）から。そのエプロンは贈りものにしたという。渡した相手は、パン職人の塩見聡史さん。

宗像堂らしい「あれとこれが繋がる」魔法なのだろうか。となれば、ぜひとも会わねば。過日、訪れたのは新宿の高層ビル街のすぐそば。

「窯、みます?」と、塩見さんに招かれて店内に入った。ふんわり香ばしいパン酵母と、煤のやさしい香りが漂っている。それは記憶にある南島の宗像堂にも重なる匂いだ。

大都会のまんなかで、薪窯のパン職人として生きる――2020年、この場に店を開くに至るまで、「ぐるぐる5年くらい迷走してた」と塩見さんが苦笑いする。

起点は沖縄。小学校の教員を辞め、魚の研究をしたくて琉球大学へ。その学生時代に、宗像堂でバイトをした2年間で、魚よりパンへの想いが深くなっていた。

帰京したのち、パン職人をめざして天然酵母の名店・ルヴァンで4年ほど修行。いざ独立となるも、物件がみつからない。東京、地元・小田原を探し、最後は沖縄で腰を据えてアパートを借りて半年間ほど探した。なのに決めきれず。「いったい自分は、どういうパン屋を開きたいのか?」と迷い自らを問い詰め、一時ウツっぽくなるほど落ちこんだそう。

「東京へ戻る日のお昼、（関根）麻ちゃんが、おにぎり弁当を持ってきてくれたんですよ。

お互いに近くでものづくりをしてきた同志みたいな間柄で、迷走してる自分を励ましてくれてたんです」。

さらに後日、「弁当と一緒に渡すつもりが間にあわなかったから」と送られてきたのが麻子さん手製エプロン。宗像堂のパン布のくったりした肌ざわりに、動き続けた日々が甦る。生きた酵母生地をこねる喜び、薪をくべてパンを焼く楽しさ。ああ、そうだ、それさえ見失なわなければ、大丈夫だと。大切な人たちの励ましに心が鎮まった。「友だちの気持ちがこもった、特別なエプロン。だから、これはちょっと特別なイベントごとで身につけてます」。鉢巻のごとくエプロンの紐をギュッと締める塩見さん。大都会に根を張り、今日も薪窯に向かってパンを焼き続ける。

しおみ・さとし◉塩見聡史
沖縄「宗像堂」、東京・富ヶ谷「ルヴァン」で勤務後、代々木にて薪窯で焼くカンパーニュと食パンの「パン屋塩見」を営む。

Story 20

Asako Sekine

関根麻子さん［ごはんをつくる人］

# 薄くなるほど、愛しき父のまな板。

麻子さんのキッチンには、ほかには代えがたい道具がある。

「一番身近な、わたしの仲間みたいなもの」そういって、まな板の表面を指先でやさしくなでる。

角に丸みのあるそのまな板は、家具づくりを趣味としていた父の手製。知己の蕎麦屋さんがカウンターにするつもりだった銀杏の古材をもらい受け、カンナで削ってヤスリで磨いて、丁寧に手間をかけて仕上げた数枚を、自宅用と店用にと贈ってくれたそう。

東京出身。関東育ちの麻子さんが、沖縄に住みはじめたのは2000年のこと。20年ほど前に営んでいたカフェの開店にあわせ、お祝いとして届いたもの。生まれた地を遠く離れ、縁もゆかりもなかった南の島で奮闘する娘へのエールなのだろう。それに毎日使う道具を、子への贈りものにするっていう考え方がとてもすてきなことだ。

「父も母も沖縄にはなかなか来れないけれど、このまな板を使いながら、今日も元気でいるかな、なんて考えます」。

まな板に触れる、その束の間、家族に想いが繋がっていく。

「料理 胃袋」という一度聞いたら忘れない名を店に冠して10年ほど。麻子さんのもとへは、日本各地からここだけの味をもとめて予約が途絶えない。

店の内に入ると、漆喰の壁に、落ち着いた灯り、キッチンの大きな窓一面に、南国の緑が影絵のように映しだされる。光と影のコントラストに魅入ってしまう、空想にふけるのにはうってつけの佇まいだ。

この日、仕込み前に訪れたわたしたちに、沖縄のカラキという爽やかな香りのお茶を淹れて迎えてくれた。喉をうるおしゆるっと心をほどいて、おしゃべりをしながら、麻子さんは合間にさっとカウンターの奥へ動く。口調は穏やかに、体は軽やかに、踊るようになめらかに働く。

まな板にのっているのは、ツルムラサキの新芽と花。とっつん、とん、とっつん、とん。みずみずしい菜を刻むと、心地よい音がこぼれる。「切り音にも年季が入ってきてる」と、苦笑いする。

常備するまな板は、大まかに大中小の3枚。稼働率が一番のは中サイズの板で、20年ほど毎日のように使いこんできた。ところどころ木の節くれが目立つものの、しっかりと働き通してきた〝シブいい顔〟をしている。

「木の水分が抜けて、縮まってきて節がでるんですね。黒ずみもカビではなく、木の内側からのアク。人と一緒、齢を重ねて、シミもシワもアクも滲みでてくるんですね」。自分も歳を重ねてきたからよくわかると、ほころばせる目もとにきれいなシワがよる。

板上には、さまざまな情景が刻まれている。

本土とはまったく異なる力強い沖縄の恵み、旬味に、胸ゆさぶられて工夫を凝らし、まっすぐに手と心を傾けて、日々の物語をつぶさに受けとめてきた。

「そう、喜びも憂いも。日記のようなものでもありますね」と笑う。

板は何度も削り直して、厚みはもう1㎝以下になっている。溝もでてきて、カンナがかけられないくらいの薄さになってしまった。これ以上削ると、逆に反ってしまって切りづらくもなり、いずれはまな板として使えなくなっていくだろうと。けれどそうなっても、見捨てることは決してないと、きっぱりといい切る。

「まな板が無理になったら、いつか友人の画家に絵を描いてもらおうかなと思ってます」。

長くそばで支えてくれた板に、新しい景色を贈る。姿が変わろうとも、愛しさは不滅である。

せきね・あさこ◉関根麻子

おもに沖縄の食材で愛情豊かな料理をつくる人。沖縄・南城市に10年ほど前に開いた店は、その評判を聞きつけ、地元や日本各地から人々が訪れる小さなレストラン。

Story 21

Yoshihito Ozawa

小澤義人さん

［フォトグラファー］

# 手に勇気が湧く、じいちゃんの鉈。

「祖父から父、そして父から息子へ。3世代に受け継がれた鉈であります」。ちょっと芝居がかった口上でもって笑いかける小澤さん。その年季ものの鉈は、都心から横須賀の緑濃い地へ移り住んでまもなく、「おまえ、山で暮らしているんだから、じいちゃんのこれを持っていくか」と父親から手渡されたもの。

初代の鉈の持ち主である、じいちゃんの名は「義」。戦後セメント会社を皆勤で勤めあげ、社会貢献を評されて黄綬褒章をもらうに至る。酒も呑まず、家族を養うために身をつくしてきた祖父を大尊敬していた父は、一族待望の男児に祖父の一文字をとって「義人」と名づけたという。

「じいちゃんは早くに親戚の農家に預けられ、子どものときから働き通しの苦労人だったらしい。63歳で亡くなったとき、俺は小学校低学年だったから、思い出は少ないけれど。庭で野菜を丹精していて、寡黙で相撲好きで、ばあちゃんはじいちゃんのこと大好きだった。当たり前に生きる人生、そんな生き方を体現してた人のイメージかな」。

じいちゃんの鉈の刃は、研ぎを施すとキレを戻したが、木製の鞘は噛みあわせがゆるみ、刃が抜けやすかったそう。小澤さんが鞘の口幅に革をあわせ、鞘の外面にはビンテージの北欧の布を貼って、自分らしい洒落っけを足して補修した。

小澤さんの生業はフリーランスのカメラマンだ。10年ほど前に移住した先は、逗子の山野辺にある数十軒の小集落で、その頂きに小澤家がある。都心からほど近く、自然を身近にした子育てを考え、めぐり当てた家は築55年の平屋。建物の傷みがあり、手直しがいる物件だったけれど、夫婦がグッときたのは、石づくりの暖炉、窓からの眺め、そして緑茂る裏の山。

「可能性を感じたんです。ここは基地になるなって」と、幸運のクジを引いたように語る。

自分たちだけの緑の領土。聞くだけならロマンチックだけれども、それは一朝一夕になせることでもない。前の所有者は、ドイツ人らしく「森の木は切らない」という思想だったらしく、近隣の陽をさえぎるほど高木の枝が伸びきっていた状態だったそう。小澤さんは「あちらの森

は針葉樹林で、日本の広葉樹の森とは違うと思うから」とやんわり反論。
「雑木を間引き、陽光を入れ、風を通して、山が呼吸できるようにしてあげる。手を入れながら山を生かす、それが日本の山の守り方だと思うんだよね」。
人生初の開墾。自称「腕力よりも足わざのサッカー小僧」の小澤さんの助けは、じいちゃんの鉈。枝を払い、木の皮裂き、薪を割る。多様に使える鉈だが、格別の働きが「藪こぎ」。草刈マシーンでは歯が立たない熊笹の藪では、鉈を手に船をこぐように伐採するという。
「この粗野な佇まいが、野生と対峙しようとする自分を奮いたたせてもくれて。外仕事の大事な相棒になってます」。祖父や父と繋がる鉈の愛とワンダーの力。霊言あらたかなり。

月日を重ねた「小澤家の基地」へ足を運んだ。庭よりもややワイルドな趣きで、小さな菜園があって、折々に野外ごはんを楽しむそう。

暗い藪を鉈で拓いた小径を歩けば、鳥や葉ずりの音に包まれ、家から5分も離れずに、深い自然にワープしたような空気が広がる。

「あれはネムノキ、こっちが河津桜、奥はコナラの林で、タラの芽や山椒がそこに」。毎年少しずつ道を保全しながら、山菜など地元の植生にあいそうな植物を足しているそう。

山のお世話は、手がかかる作業ばかり。でも自然がそのお世話を気に入れば何倍ものお返しをしてくれる。なにより「ここによく効くから」と胸をトントンと小さく叩く小澤さん。逞しくもやわらかなその笑顔は、義じいちゃんとそっくりに違いない。

取材で訪ねた冬は、剪定の時期。夏の木は水分をたくわえているが、冬は水を吸わなくなるから伐りどきで、今年も伸びすぎた木を10本ほど剪定して光と風通しをよくするそう。

鉈をふるって剪定した枝は、暖炉の焚きつけになる。焚き方は、三層に組んで火を起こしやすくする。まんなかに杉の葉、その上に細い枝、太い薪を重ねると、火が小気味よく広がって、パチパチと音をたてて炎が大きくなっていく。娘の今日ちゃんが、父の肩ごしに「あっー、わたしが火をつけたかったのに」としごく残念がる。

「家のなかで焚き火なんて、贅沢だよね」と小澤さんも嬉しそう。不便や面倒さが「お楽しみ」に変わる境地になると、暮らしは掛け算方式で豊かさへとコマをすすめるのだろう。あたたかな空気が部屋に流れはじめた頃あいで、じつは数年前から鉈をふるう場が、もうひとつ増えた話をしてくれた。

子育てを通じて親しくなったパパ友たち数人とはじめた、地域の休耕田での有機米づくりのこと。藪に埋もれた昔の田んぼを鉈で拓き、カチカチの硬土をやわらかくなるまで手入れして耕し、苗を植える。そうして年間2~3面ずつ、復活させる目標らしい。もちろん米を育てて自給できるのも喜びだが、それ以上に「景色を昔に戻せたら、いいかなって」と照れくさそうに笑う。

仕事が激減したコロナ禍に「生きる場」についてより思いが深くなったという小澤さん。「いまは毎日、夜が明けたら起きて、暖炉に火をつけて、育てた米や野菜、近くで捕れる魚でおかずをこしらえて食べる。体を動かして、まわりの自然と折りあいながら、家族が心地よく生きる場を整える。そんなふうに自分たちの住む場と、繫がって生きていけたらと思うようになったかな」。

今年も来年も、その次の年も。じいちゃんの鉈とともに、夏は草を刈り、冬は木を剪定し、健やかなサイクルを慈しむ。土地に根をおろす日々に、ゆるぎのない幸せの源がある。

おざわ・よしひと◉小澤義人

フォトグラファー。雑誌、広告、webなどで活躍。「自然と人のあいだにあるもの」がテーマ。東京から逗子に移住後、DIYの腕をめきめきとあげている。

Epilogue 01

Reiko Oishi

おおいしれいこ［編集者］

# 気持ちよく流れつくところへ。

ある夏の休暇、こばやしゆふさん（40頁）の海辺の家ですごしていると、なにかつくりたいものはないかと訊かれ、つい「大きなテーブル」と口走った。わたしも夫も木工初心者だったが、手づくりライフの達人であるゆふさんの教えが楽しくって、無骨な仕上がりだけど形になった。毎日触れるものを自分たちでつくれたことが、心底嬉しかった。とくに気に入ったのが天板にした古材。それはビーチで拾った流板で、海水と太陽にさらされたボロボロの木肌だったが、ニスで艶をだすと小舟のようないい風情になった。当時住んでいた家は、田んぼのなかにある住宅街のコーポハウス。それまで「将来住みたい家」なんてピンとこなかったが、いつかこの流板のテーブルにぴったりの環境で暮らしたいと願うようにもなってきた。あれから15年ほど。わたしたちは海から車で10分ほどの古い平屋を手に入れ、二拠点生活をはじめた。2年がかりでセルフリフォームをした小さな家。そのリビングには、もちろん流板のテーブルが収まっている。他人の目によく見えるかどうかはどうでもいいこと。これがいいと慈しめるボロは、自分らしい暮らしを見極める基準のひとつになってくれるように思える。それでいうと流板のテーブルのごとく、ときめきを求めて流れていくって生き方って、ちょっといい。

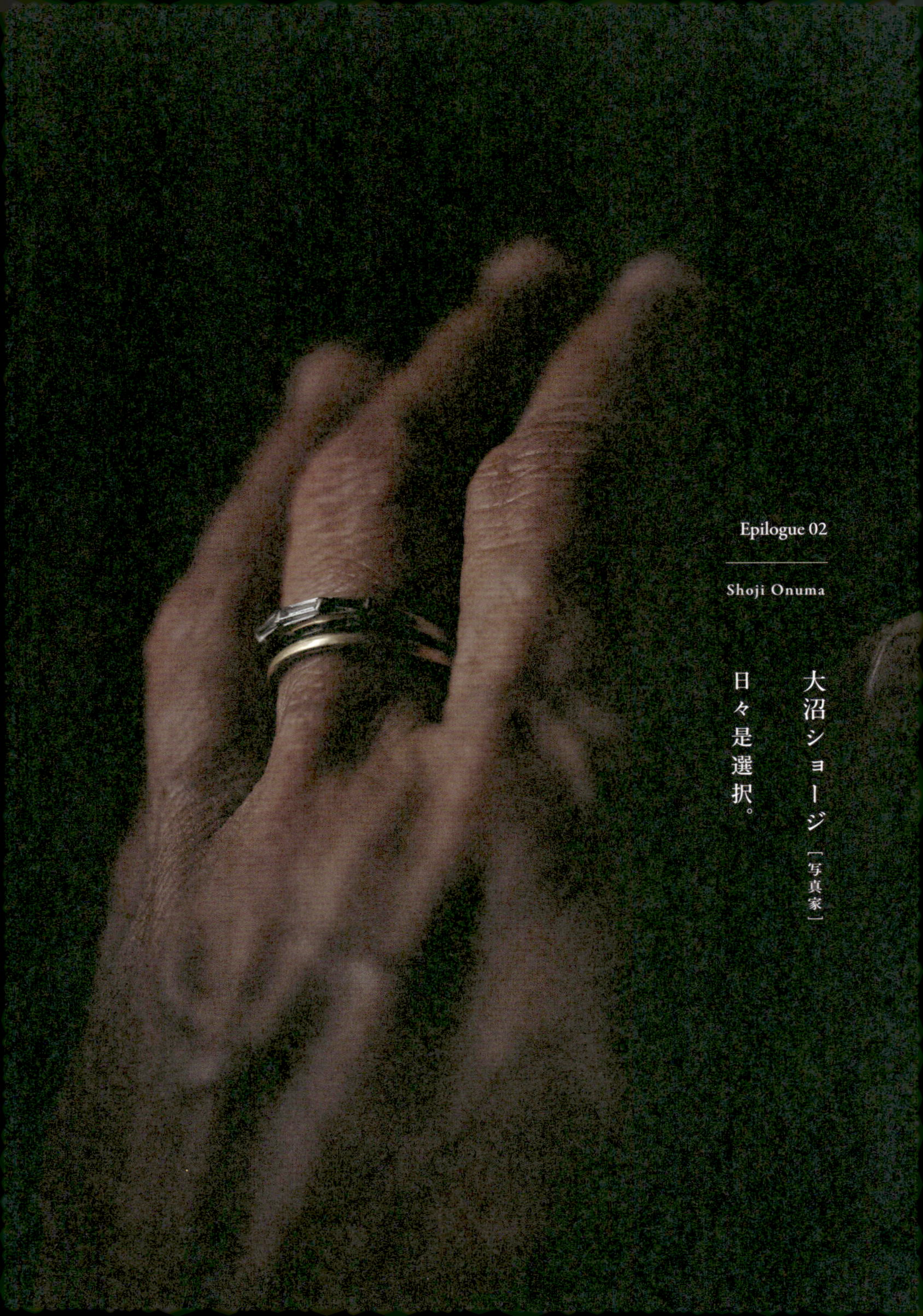

Epilogue 02

Shoji Onuma

大沼ショージ［写真家］

# 日々是選択。

引越しのまっただなか、この原稿を書いている。

ボロの取材を通して、なにを残して、なにを手放すのか。それぞれに、それぞれの価値観や、考え方があり刺激になった。

はて、自分は？　というところに立ち戻るわけだが、それはモノばかりではない。

譲り受けたときからずっと身につけてる大叔母の形見の指輪。姪っ子と遊んでいるときに石がひとつ、外れて失くなってしまった。直すこともできたのだが、そのままにしたのは、石の不在により5歳の姪っ子との楽しく、美しい時間を思い出させるからだ。

直して使い続けるのも、直さずそのカタチを愛し続けるのも、その人それぞれの哲学だなと思った。

さて、わたしはわたしの選択で、一度は縁あってやって来たモノたちを、愛おしんでくれる人のもとへ、手渡してゆこうか。ホントに？

Thanks for

# 暮らしのボロ、その慈愛に触れて。

「おうちに愛しのボロを持ってませんか?」と聞きこみしながら取材をして、3年ほど。

たいてい、すてきなボロは日常の生活にしっかり紛れているもので、おしゃべりをしているうちに、「じゃあ、これもいいかな」と打ち明け話のなかで、とっておきのボロがご登場。そのたびに、わたしたちはときめいて「これは写真を撮らなきゃ」と撮影に走ることが幾度もありました。

人にみせるためのものではないボロたちは、暮らしの奥の引きだしを開けるような取材がほとんどで、ゆえに友人関係から口コミ方式で繋いでもらった経緯があり、沖縄でのボロの物語が多いのはそういった理由です。

あらためて、快く取材を受けてくださった21人の方々、そのご家族や関係者の方々、心からのお礼を申しあげます。

なるべく作為なく広がるままに取材したボロの景色を、すてきなブックデザインで紹介できたのは、ひとえにサイトヲさんのおかげです。

また長きにわたり制作を見守ってくださった、版元のクボさんにも感謝です。

なによりも企画の発案からともにエネルギーを注いで、恥ずかしがりのボロたちと対話して、生き生きとした魂を写しとってくれたショージさんに、深くお礼を伝えたいと思います。

このあとがきを書いてる最中、引っ越しをしたショージさんは、取材した方々に叡智をもらい、持ちものを半分に減らす（まさか！）と心に期したとか。わたしといえば、高木家にならい夕食後の10分、整頓タイムを設けるようになり、猫に爪とぎされたベットの角を繕いました。これからもものづきあいを考えるとき、愛しのボロがあちこちでヒントになってくれる気がします。

本書に心を寄せてくださったみなさんにとっても、なにかお役に立てたら嬉しいです。それでももし機会があれば、あなたの大切なボロをこっそり教えてくださいね。

いつか、この本そのものが「愛しのボロ」になったら望外の幸せです。

2025年　梅ほころぶ頃に

編集・文　おおいしれいこ

写真＝おおぬま・しょーじ◉大沼ショージ

神奈川県出身。鎌倉考古学研究所の発掘団員として働いたのち、独学で写真を学びフリーランスカメラマンになる。雑誌・書籍、web、映像作品など幅広く活躍。抒情をたたえた写真にファンが多い。共著に「酒肴ごよみ365日」「しみじみパスタ帖」（ともに誠文堂新光社）がある。東京・駒形、隅田川沿いの古ビルにてスタジオギャラリー「カワウソ」を主宰し、さまざまな分野の人と繋がり、不定期に催しを展開。

instagramu @onumashoji70

編集・文＝おおいしれいこ◉

長崎県出身。九州・福岡にてプロ野球球団・ホークスのファンクラブ会報誌、発行部数100万部の都市ガス会社のコミュニティ誌の編集室を経て、東京へ移りフリーランスで活動。書籍編集を中心に、着物や花、食エッセイなど暮らしにまつわる制作物に携わる。現在古い平屋を改装して、東京と千葉・房総半島の二拠点生活中。

instagramu @oishi.reik

愛《いと》しのボロ

直し、生かし、使いつなぐ
21人の暮らしもの

二〇二五年四月三〇日　初版第一刷発行

著　者　大沼ショージ　おおいしれいこ

発行者　三輪浩之

発行所　株式会社エクスナレッジ

〒一〇六―〇〇三二 東京都港区六本木七―二―二六

https://www.xknowledge.co.jp/

編集：Tel. 〇三―三四〇三―六七九六
Fax. 〇三―三四〇三―〇五八二

販売：Tel. 〇三―三四〇三―一三二一
Fax. 〇三―三四〇三―一八二九